DELIUS KLASING

JOHN PROVAN

Ferdinand Graf Zeppelin

DER LUFTFAHRTPIONIER
UND SEIN KONZERN

DELIUS KLASING VERLAG

Bibliografische Information der Deutschen Nationalbibliothek
Die Deutsche Nationalbibliothek verzeichnet diese Publikation in der Deutschen Nationalbibliografie; detaillierte bibliografische Daten sind im Internet über http://dnb.d-nb.de abrufbar.

1. Auflage
ISBN 978-3-7688-2649-5

Fotos: Archiv Dr. John Provan, Kelkheim/Ts.
Textredaktion: Jörg M. Hormann, Michael Kokoscha
Einbandgestaltung: Gabriele Engel
Layout: Karin Kemner
Druck: Westermann Druck, Zwickau
Printed in Germany 2009

Delius Klasing Verlag, Siekerwall 21, D - 33602 Bielefeld
Tel.: 0521/559-0, Fax: 0521/559-115
E-Mail: info@delius-klasing.de
www.delius-klasing.de

Inhalt

Vorwort 8

Erfindungen und ihre Folgen 10
Thomas Edison 11
Henry Ford 12
Alexander Graham Bell 12
Gebrüder Wright 13

Graf Zeppelin – Karriere beim Militär 14
Graf Zeppelin im Sezessionskrieg 15
Thaddeus Lowe und die Balloneinheit 17
Ein erster Flugzeugträger 18
John LaMountain 19
Einfluss von John Steiner 19
Ende des Sezessionskriegs 21
Zurück in Deutschland 22

Erste Luftschiffe 24
Anfängliche Versuche 25
Schwimmende Halle 28
Technische Verbesserungen 32
Die Katastrophe von Echterdingen 33
Gesellschaftsgründungen 37

Graf Zeppelins Mitarbeiter 39
Techniker und Geschäftsführer 39
Theodor Kober 39
Ludwig Dürr 39
Wilhelm Ernst Dörr 40
Karl Arnstein 40

Alfred Colsman 40
Hugo Eckener 42
Knut Eckener 44
F. W. Willy von Meister 45
Wilhelm Maybach 45
Karl Wilhelm Maybach 46
Alfred Graf von Soden-Fraunhofen 46
Carl Berg 46
Paul Jaray 47
Weitere Persönlichkeiten 48
Kapitäne 48
Georg Hacker 48
Peter Strasser 48
Horst Julius Freiherr Treusch von Buttlar-Brandenfels 49
Victor Gaissert 50
Alfred Horn 50
Heinrich Mathy 50
Erich Sommerfeldt 50
Ernst A. Lehmann 50
Hans Kurt Flemming 51
Hans von Schiller 51
Max Pruss 52
Anton Wittemann 52
Albert Sammt 52

Luftschiffbau nach Echterdingen 54
Luftschiffbau Zeppelin GmbH 55
Weitere Standorte des Luftschiffbaus 66
Frankfurt-Rebstock 67
Luftschiffbau Potsdam 67
Luftschiffbau Berlin-Staaken 70
Entwicklungen während des Ersten Weltkriegs 73
Gesellschaften des Luftschiffbaus 75
Maybach-Motorenbau GmbH 75
Ballonhüllen GmbH 79

Zahnradfabrik GmbH 82
Propellerbau GmbH Berlin-Potsdam 83
Holzindustrie GmbH Meckenbeuren 83
Zeppelin Wasserstoff- und Sauerstoffwerke AG 84
Gesellschaften des Luftschiffbetriebs 84
DELAG 85
Zeppelin Hallenbau GmbH 89
Gesellschaften des Flugzeugbaus 92
Flugzeugbau Friedrichshafen GmbH 92
Dornier 100
Zeppelinwerke GmbH Berlin-Staaken 110
Weitere Gesellschaften 121
Kurgarten-Hotel GmbH 121
Bodengesellschaft Hansa GmbH 121
Zeppelin-Wohlfahrt GmbH 122
Zeppelin Metallwerke 125
Zeppelin Mobile Systeme 125

Drei Epochen der Zeppelin-Firmen 126
1. Bis 1914 127
2. Erster Weltkrieg 128
Graf Zeppelin im Ersten Weltkrieg 133
Graf Zeppelins Tod und Vermächtnis 135
3. Im Zeitalter des Luftverkehrs 139
Zwischen den Kriegen 140
Nachkriegsdeutschland 154
Zeppelin Luftschifftechnik GmbH 154

Literatur 156
Danksagung 158
Der Autor 159

Vorwort

Die Entwicklung und der Bau der Starrluftschiffe vom Typ Zeppelin – das war nicht die Erfindung eines einzelnen, neuen Produkts, sondern die Schöpfung eines ganzen Systems. Mit dieser These hat John Provan, deutsch-amerikanischer Luftfahrthistoriker, der sich seit 35 Jahren mit dem Thema beschäftigt, sicherlich recht.

Ferdinand Graf von Zeppelin hat mit seinen Luftschiffen seinerzeit ganz unterschiedliche Aspekte unserer Welt verändert: Ballone wurden lenkbar, und damit wurde das System »Leichter-als-Luft« höchst vielseitig einsetzbar gemacht. Die Luftfahrt im Frieden und im Krieg machte einen großen Schritt nach vorn. Rekorde wurden aufgestellt, die bis dahin undenkbar waren. Zeppelin-Luftschiffe wurden zuletzt zu Wegbereitern des Weltluftverkehrs, wie Kapitän Hans von Schiller es treffend auf den Punkt gebracht hat. Die »silbernen Zigarren« haben viele Menschen begeistert und Deutschland in der Welt, besonders nach dem Ersten Weltkrieg, zu neuem Ansehen verholfen. Technologisch stießen die Luftschiffer in neue Dimensionen vor, und die bis heute weltbekannten Firmen der Zeppelin-Stiftung wurden zwar zum Bau von Luftschiffen gegründet, haben aber auch die Kfz-Technik wesentlich befruchtet. Klar erkennend, in welchen Bereichen Flugzeuge überlegen sind, hat Graf Zeppelin selbst den Bau von Flugzeugen veranlasst. Er sorgte sich um die soziale Versorgung seiner Arbeiter und war auf so vielen Feldern aktiv, dass man sein Werk tatsächlich als ein großes System bezeichnen kann, welches das vorliegende Buch beschreibt.

Dieses Buch würdigt außerdem in kurzen Lebensabrissen zahlreiche Personen, die im »System Zeppelin« eine besondere Rolle gespielt haben. Damit schließt es – wenn auch nur ansatzweise – eine Lücke. Denn das Zusammenspiel herausragender Persönlichkeiten einschließlich der engsten Mitarbeiter des Grafen Zeppelin ist ein wesentlicher Grund für die einzigartige Zeppelin-Erfolgsgeschichte. Diese Aussage habe ich auch in unserer Familie immer wieder gehört. Dass nämlich zur Genialität Zeppelins mit seinen Ideen, Visionen, seinem tiefen christlichen Glauben und seinem Durchhaltevermögen seine Fähigkeit gehörte, erstklassige Mitarbeiter an sich zu binden und für die Verwirklichung seiner Ziele mit genügend Freiraum arbeiten zu lassen. Das konnten, wie der Fall Hugo Eckener zeigt, auch ehemalige Gegner gewesen sein.

Dieses Buch, Provans nunmehr fünftes zum Thema Zeppelin, profitiert auch von seiner enormen Detailkenntnis sowie von neuen Quellen, die er zum Besuch des jungen Grafen Zeppelin 1863 in den USA während des Sezessionskrieges erschlossen hat. Ich wünsche ihm guten Erfolg.

Dr. Constantin von Brandenstein-Zeppelin
Urenkel von Graf Zeppelin

Eines der Fotos des 20. Jahrhunderts. Die Gebrüder Wright mit ihrem »Flyer« auf dem Sandstrand von Kitty Hawk.

Erfindungen und ihre Folgen

In der Geschichte des technischen Fortschritts haben zahlreiche Ingenieure, Techniker, Designer, Künstler und ganz normale Menschen ihre Ideen umgesetzt und etwas Neues, Innovatives oder Nützliches erfunden. In der Antike haben Erfindungen wie das Rad oder der Flaschenzug über die Blüte oder den Untergang ganzer Zivilisationen entschieden. Durch den menschlichen Ehrgeiz, seine Umwelt zu beherrschen, zu kontrollieren und zu verstehen, bot sich dem Erfinder ein weites Betätigungsfeld.

Viele dieser Erfindungen waren Einzelprodukte, die oft nie in größeren Stückzahlen hergestellt wurden, weil sie nicht nützlich genug oder einfach zu teuer waren. Die Menschheit wird nie erfahren, wie viele Erfindungen als Entwurf in einer Schublade endeten, um lange in Vergessenheit zu bleiben oder nie gebaut zu werden. Oft ist es nicht die Erfindung selbst, sondern die Art ihrer Produktion, ihres Vertriebs oder ihrer Nutzung, durch die ein System entsteht, das einen Lebensstil oder eine ganze Gesell-

schaft prägt. Nach Prof. Thomas Hughes gab es in der zweiten industriellen Revolution zwischen 1870 und 1940 zahlreiche Gründer ganzer Systeme, beispielsweise:
Thomas Alva Edison (11.2.1847–18.10.1931), Erfinder des elektrischen Lichts und des Phonographen;
Alexander Graham Bell (3.3.1847–2.8.1922), Erfinder des Telefons;
Henry Ford (30.7.1863–7.4.1947), Erfinder der Serienproduktion der Automobile;
die Gebrüder Wright (Orville, 19.8.1871–30.1.1948 und Wilbur, 16.4.1867–30.5.1912), Einführung des Flugzeugs in die Luftfahrtgeschichte.
Diese Männer waren nicht nur Erfinder, sondern Gründer von Systemen, die notwendig waren, um ihre Erfindung in die Gesellschaft einzubringen. Sie haben die Kontrolle über die Entwicklung und den Vertrieb ihrer Produkte behalten.

Thomas Edison

Thomas Edison erfand nicht nur die Glühlampe, sondern auch die zu ihrer Nutzung nötigen Bauteile, wie Generatoren, Verkabelungen und Schalter. Edison nutzte die vorhandenen unterirdischen Gasleitungen, um seine Stromkabel zu verlegen und Kunden mit der neuen, billigen, sicheren, hellen und leichter zu bedienenden Art der Beleuchtung zu versorgen. Vom einfachen Messinggewinde bis zum ersten zentralen Kraftwerk an der Pearl Street in New York City hat Edison das komplette System zum ersten Mal am 4.9.1882 vorgeführt.
1892 fusionierte »Edison General Electric« mit der »Thomson-Houston Corporation«, und die »General Electric Company (GE)« entstand. Heute zählt diese Firma zu den größten Unternehmen der Welt.

Thomas Edison hat unter anderem den Phonograph erfunden und in diesem Zusammenhang eine Firma für die Herstellung der neuen Medien (Zylinder) gegründet, ein Diktiergerät für das Büro sowie als Vorläufer der Jukebox einen mit Münzen betriebenen Phonographen für Cafés entwickelt. Gleichzeitig versuchte Edison, mithilfe seines Phonographen Stummfilme mit Ton zu untermalen. Somit entstand aus einer einzigen Erfindung eine ganze Reihe von Anwendungsmöglichkeiten. Die Vernetzung sicherte nicht nur ihren Erfolg, sondern schuf eine Eigendynamik der weiteren Entwicklung.

Thomas Alva Edison (1847–1931). Mit ihm begann das Zeitalter des elektrischen Lichts und der Fotografie.

Zwei Pioniere des Lichtbildes unter sich: Thomas A. Edison und George Eastman (links). Hier vor Eastmans Anwesen im Jahre 1928.

Henry Ford

Henry Ford nahm im Jahre 1891 eine Stelle als Ingenieur der »Edison Illuminating Company« an, der ersten Glühlampenfabrik. Schon 1893 wurde er Chefingenieur und führte Experimente mit dem Verbrennungsmotor durch.
Es gelang Ford, ein selbstangetriebenes Automobil zu bauen. 1903 gründete er die »Ford Motor Company«, und 1908 wurde das »Model T« vorgestellt. Unter den meistgebauten Autos der Geschichte nimmt es den zweiten Platz ein. Bis 1928, dem Jahr vor der großen Depression, waren über 15 Millionen Exemplare vom Band gelaufen. Ford hat es nicht nur verstanden, ein Auto zu entwerfen und zu entwickeln, sondern auch die Grundlagen dafür geschaffen, um dieses Produkt in großer Stückzahl herzustellen. Trotz der vergleichsweise hohen Löhne seiner Belegschaft sank daher der Stückpreis immer weiter. So erfand Ford das industrielle Konzept der Serienproduktion.

Alexander Graham Bell

Obwohl zahlreiche Personen erfolgreich an der Entwicklung des Telefons gearbeitet haben, hat Alexander Graham Bell den Rechtsstreit um das Patent schließlich gewonnen und mithilfe des Kohlemikrofons ein Gerät entwickelt, das Gespräche über größere Entfernungen ermöglichte. Er gründete 1877 die »Bell Telephone Company«, die nicht nur viele Telefone baute, sondern auch die gesamte Verkabelung lieferte. In kürzester Zeit wurde die »Bell Telephone Co.« der größte Telefonanbieter der Welt. Der Visionär Bell erfand zusammen mit seinem Assistenten Charles Summer Tainter am 19.2.1880 das »Photophon«. Es ermöglichte die Übermittlung von Tönen über eine Lichtleitung und war so ein Vorläufer der Fiberglastechnologie.

Gebrüder Wright

Auch Orville und Wilbur Wright können als Gründer von Systemen angesehen werden. Sie nutzten den Windkanal und entwarfen einen eigenen Verbrennungsmotor, um den Erfordernissen der Fliegerei gerecht zu werden. Das ermöglichte den ersten erfolgreichen kontrollierten motorisierten Flug eines Geräts, das schwerer als Luft war. Auf dem Sandstrand von Kitty Hawk, North Carolina, lernte die Menschheit am 17.12.1903 das Fliegen. Der von den Brüdern gebaute Aluminiummotor war leichter als alle anderen damaligen Motoren und wies ein günstiges Verhältnis von Leistung zu Masse auf, sodass der Wright »Flyer« aus eigener Kraft starten konnte.

Die Gebrüder Wright gründeten am 22.11.1910 in Dayton, Ohio, ihre Firma. Obwohl sie nur kurz existierte, entstanden zahlreiche Tochtergesellschaften, wie 1909 die Flugmaschinen Wright GmbH in Johannisthal bei Berlin, die etwa 40 Flyer hergestellt hat, die Astra Cie Co. in Frankreich mit etwa 25 gebauten Flugzeugen sowie die Wright Co. in Italien und die »Wright (T. Howard) Co.« in Batterson, England.

Der Wettbewerb zahlreicher Piloten und anderer Erfinder führte zu einer rapiden Entwicklung der Luftfahrt.

Obwohl die Gebrüder Wright ständig ihre Flugzeuge verbesserten, konnten sie dem technologischen Wettbewerb nicht standhalten, sodass Orville Wright 1915 zum Verkauf der Firma gezwungen war. In dieser kurzen Zeit stellten die Gebrüder Wright ein eigenes Triebwerk

Orville Wright (1871–1948) und Wilbur Wright (1867–1912). Sie begründeten den Motorflug mit »Fluggeräten schwerer als Luft«.

Orville Wright mit seinem Flyer über dem Tempelhofer Feld in Berlin 1909.

her. Ihre Flugzeuge wurden nicht nur in Amerika, sondern auch in Europa gebaut. Es gab ein Team von Testpiloten, das bis zum November 1911 die Wright-Flugzeuge und ihre Vorteile auf zahlreichen Flugtagen demonstrierte und gleichzeitig Piloten ausbildete.
Viele der später bekannt gewordenen Piloten und Ingenieure haben mit einem Wright-Flugzeug angefangen. Sie haben es verstanden, Militäraufträge zu bekommen, und 1909 wurde sogar ein zweisitziges Passagierflugzeug getestet. George W. Beatty (28.8.1887–20.2.1955) entwickelte es aus einem modifizierten »Wright-Flyer«, Model B, weiter und flog am 28.3.1912 mit vier Passagieren zwölf Minuten lang. Das war die Geburtsstunde des Massenverkehrsmittels von heute. Somit haben die Gebrüder Wright als Erste ein System des Flugzeugbaus in Gang gesetzt.

Graf Zeppelin – Karriere beim Militär

Unter allen deutschen Erfindern ragt eine Person als Gestalter eines Firmensystems heraus: Ferdinand Adolf August Heinrich Graf von Zeppelin. Obwohl er sein System nicht von Anfang an so geplant hat, hat es sich schnell entwickelt. Der Hauptunterschied zwischen den Luftschiffen von Graf Zeppelin und den Erfindungen von Henry Ford oder Thomas Edison lag darin, dass ein Luftschiff nicht täglich von der Bevölkerung benutzt wurde, wie etwa das Telephon. Der Zeppelin war kein Massenprodukt, aber bei der Bevölkerung sehr bekannt. Graf Zeppelin wollte mit ihm nicht nur ein Transportmittel für den Güterverkehr entwickeln, sondern es sollte auch im Passagierverkehr eingesetzt werden und gleichzeitig dem deutschen Militär dienen.
Ferdinand Graf von Zeppelin wurde am 8.7.1838 im heute als Insel Hotel bekannten Dominikanerkloster in der Nähe der Stadt Konstanz am Bodensee geboren. Sein Vater war der württembergische Minister und Hofmarschall Friedrich Jerôme Wilhelm Karl Graf von Zeppelin (29.11.1807–25.3.1886) und seine Mutter Amélie Françoise Pauline (geb. Macaire d'Hogguer, 10.1.1816–15.5.1852). Die Familie Macaire stammte aus Genf, und in Konstanz waren ihre Angehörigen als Fabrikanten und Bankiers bekannt.

Der jugendliche Graf Zeppelin im 15. Lebensjahr. Gemälde von Theodor Schütz.

Ferdinand war das zweite von drei Kindern. Die beiden anderen waren Eugenia (1836–1911) und Eberhard Moritz Albert Adolf (22.5.1842–30.10.1906). Die Familie verbrachte die meiste Zeit im Schloss Girsberg in der Nähe von Konstanz. Schloss Girsberg wurde 1803 von David Macaire (1774–1845) gekauft und 1840 als Weihnachtsgeschenk an Hofmarschall Friedrich von Zeppelin und seine junge Familie über-

geben. Ferdinand Graf von Zeppelin hat Schloss Girsberg 1870 geerbt.
Seine Erziehung wurde stark vom schwäbischen Theologen Robert Moser beeinflusst. Eine evangelische Überzeugung zeichnete zusammen mit seinem Patriotismus und seinem guten Urteilsvermögen seine starke Persönlichkeit aus. 1855 meldete er sich zum Militärdienst der württembergischen Armee und wurde Kadett der Kriegsschule Ludwigsburg. Er wurde zum 8. Württembergischen Infanterieregiment nach Stuttgart abkommandiert. Anschließend studierte er an der Kriegshochschule und am Polytechnischen Institut in Tübingen, erlangte aber keinen akademischen Abschluss.
Von 1859 bis 1881 wurde Graf Zeppelin dem Ingenieur-Corps in Ulm und Ludwigsburg zugewiesen.

Der spätere Reitergeneral hoch zu Ross. Hier als Flügeladjutant des Königs von Württemberg 1869.

Graf Zeppelin im Sezessionskrieg

König Wilhelm I. von Württemberg beurlaubte Graf Zeppelin von seinem Dienst, sodass er in die Vereinigten Staaten reisen und aus erster Hand Erfahrungen sammeln konnte. Er startete am 25.4.1863 als einer von 88 Passagieren an Bord der »SS Australian« nach Liverpool, England. Von Liverpool reiste er am 30.4.1863 an Bord der »SS Asia« weiter nach New York.
Washington D.C. empfand er als staubige, nicht sehr beeindruckende Stadt. Ihm wurde ein Gespräch mit U. S. Präsident Abraham Lincoln gewährt, bei dem er seinen Wunsch vortrug, den Aufbau und die Operationen der Unionsarmee beobachten zu dürfen.
Der Graf schrieb: »Da erhob sich hinter dem Schreibtische eine sehr große, hagere Gestalt mit großem Kopfe und langem ungepflegtem

In den Vereinigten Staaten dokumentierte ein Schreiben von Benjamin Franklin aus dem Jahre 1783 das große Interesse an Ballons nach dem Leichter-als-Luft-Prinzip. Nachdem die ersten Ballons der Gebrüder Montgolfier in Paris, Frankreich, aufgestiegen waren, schrieb er: »Dieses Experiment ist keineswegs unbedeutsam. Es kann mit wichtigen Konsequenzen enden, die niemand vorhersehen kann«.
Die ersten Überlegungen, in der U.S.-Armee Ballons zu Aufklärungszwecken zu nutzen, gab es während des Zweiten Seminolenkriegs (1835–1842). Erst 1840 unterbreitete Oberst John T. Sherburne dem Generalsekretär des Kriegsministeriums, Joel Poinsett, einen Vorschlag zur möglichen Verwendung von Ballons zur Beobachtung von Stellungen der indianischen Lagerfeuer in der Nacht. Generalmajor Warren K. Armistead befand das Indianergelände für einen Ballonaufstieg jedoch als zu hügelig.

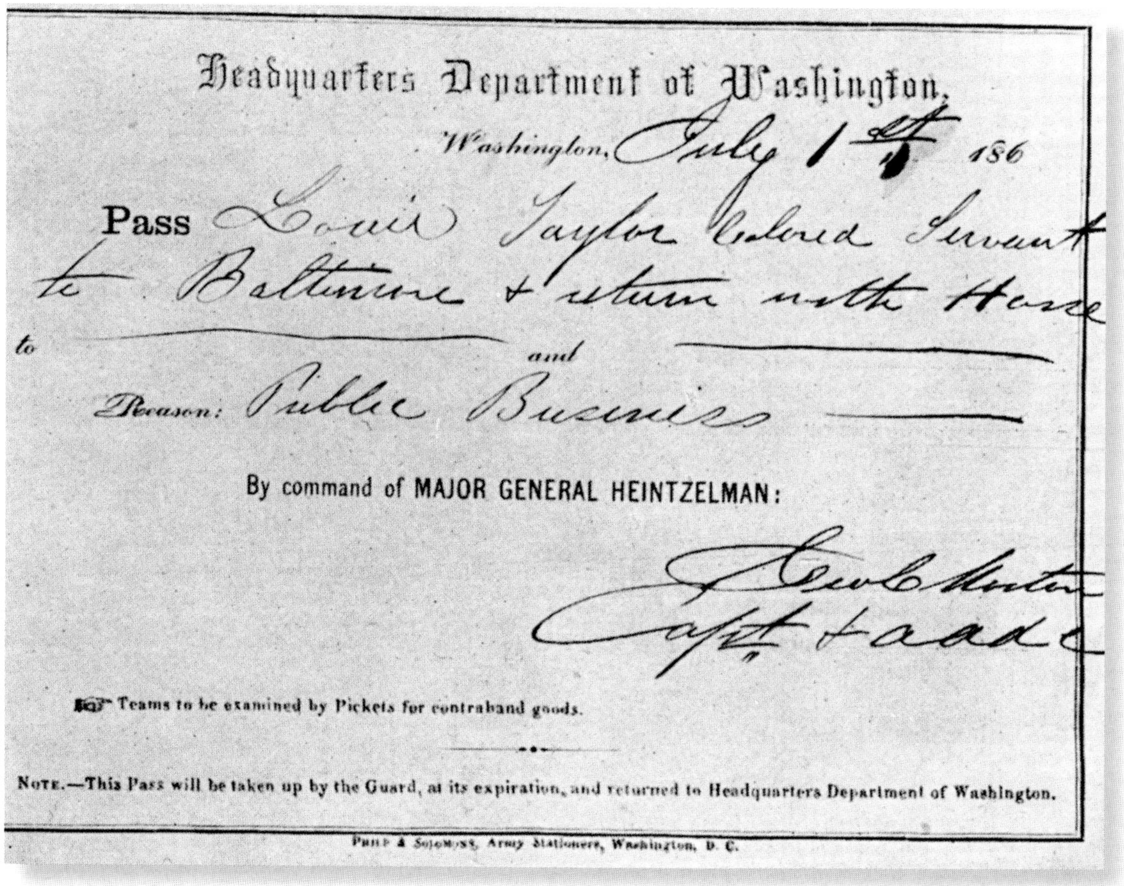

Headquarters Department of Washington,

Washington, July 1st 1861

Pass Louis Taylor Colored Servant to Baltimore & return with Horse

to ______ and ______

Reason: Public Business ______

By command of MAJOR GENERAL HEINTZELMAN:

[illegible]
Capt & a.a.d.c.

☞ Teams to be examined by Pickets for contraband goods.

Note.—This Pass will be taken up by the Guard, at its expiration, and returned to Headquarters Department of Washington.

Philp & Solomons, Army Stationers, Washington, D. C.

Ausgestellt im Hauptquartier in Washington. Zeppelins Pass für seine Bewegungsmöglichkeiten im Amerikanischen Bürgerkrieg.

Haar und Bart, mit auffallend scharf hervortretenden Backenknochen, aber klugen und freundlich blickenden Augen«. Präsident Lincoln gewährte Graf Zeppelin die Gunst eines Schreibens, das ihn vorstellte und als Passierschein für die Armee diente. Der Sekretär des Kriegsministeriums, Edwin McMasters Stanton, bereitete die notwendigen Papiere vor und klärte Graf Zeppelin über die Kriegssituation auf. Graf Zeppelin war einer der vier Militärbeobachter der Unionsarmee, die während des Sezessionskriegs (12.4.1861–9.4.1865) einen Passierschein bekamen.

Zeppelin traf die »Armee des Potomac«, damals unter dem Kommando von Generalmajor Joseph Hooker, am 28.5.1863 in einem Camp in der Nähe von Palmouth, Virginia. Schon am 20.6. nahm er mit der Kavallerieeinheit an einem nächtlichen Ritt teil, um eine Botschaft an General Alfred Pleasanton zu überbringen. In den folgenden Tagen beobachtete Zeppelin die Schlacht von »Ashby Gap« in der Nähe von Aldie, Virginia, bei der es dem General der konföderierten Armee James Ewell Brown »Jeb« Stuart gelang, den Angriff der Unionsarmee unter General Pleasanton aufzuhalten.

Bei »Ashby Gap« fand einer der letzten großen Einsätze der Kavallerie statt. Im Verlauf des vierstündigen Kampfs verloren etwa 400 Soldaten ihr Leben. Während dieser Schlacht wäre Zeppelin fast durch die konföderierte Kavallerie gefangen genommen worden, und nur sein schnelleres Pferd bewahrte ihn davor. Angeblich wollte Zeppelin auch das Militär der Südstaaten kennenlernen, da er heimlich einen Empfehlungsbrief an General Robert Edward Lee, den Oberbefehlshaber der Streitkräfte der Konföderation, bei sich trug, der von dessen Nichte verfasst worden war. Einige Tage später wurde General Hooker vom Dienst abkommandiert, und vermutlich verließ Graf Zeppelin die Unionsarmee, da er ansonsten wenige Tage später in die Schlacht von Gettysburg, Pennsylvania (1.–3.7.1863), verwickelt worden wäre, bei der 45 000 Soldaten verletzt wurden und 7000 starben.

Thaddeus Lowe und die Balloneinheit

Offenbar traf Graf Zeppelin den bekannten Luftfahrer Thaddeus Sobieski Constantine Lowe (20.8.1832–16.1.1913), der während der Peninsular-Kampagne des Bürgerkriegs für die Balloneinheit der Unionsarmee verantwortlich war. Da es nicht erlaubt war, zivile Passagiere an Bord eines Militärballons mitzunehmen, und Graf Zeppelin offiziell als Zivilist eingestuft war, durfte er in keinem Ballon mitfahren. Lowe schlug Graf Zeppelin vor, es stattdessen bei dem Ballonexperten John Steiner zu versuchen.

Thaddeus Lowe stieg zum ersten Mal am 17.7.1858 mit einem Ballon auf und war besessen von der Idee, den Atlantik mit einem Ballon zu überqueren. Ab 1859 hatte Lowe ausreichende finanzielle Mittel und baute einen großen Ballon, der zuerst den Namen »City of New York« trug und später »Great Western« hieß. Das Gaswerk von New York City war nicht in der Lage, den 20 270 m^3 fassenden Ballon zu füllen, sodass Lowe ihn über Winter einlagern musste. Der Ballon wurde nach Philadelphia transportiert und am 7.9.1860 bei der Füllung beschädigt. Am 29.9. explodierte der Ballon während des zweiten Versuchs ihn mit Gas zu füllen – wahrscheinlich aufgrund des vorangegangenen Schadens.

Am 21.4.1861 gelang es Thaddeus Lowe, mit einem kleinen, 570 m^3 fassenden Ballon namens »Enterprise« von Ohio aus in etwa neun Stunden eine Strecke von 1000 km über Kentucky und Virginia bis nach South Carolina zurückzulegen. Bei der Landung in Unionville wurde er von Einheimischen als Spion der Südstaaten verhaftet. An Bord hatte er mehrere Exemplare der »Cincinnati Commercial«, einer Tageszeitung aus den Nordstaaten. Diese Zeitungen haben ihm wahrscheinlich das Leben gerettet, weil sie ihn als einen Mann der Wissenschaft auswiesen. Spione wurden in der Regel sofort erschossen.

Bis Ende 1861 besaß die Unionsarmee sieben Beobachtungsballons, die alle von Lowe gebaut worden waren. Diese bunt gefärbten Ballons waren zwischen 1400 und 3000 m^3 groß und hießen »Union«, »Constitution«, »Washington«, »United States«, »Intrepid«, »Eagle« und »Excelsior«.

Am 11.7.1861 war Lowe an Bord der »Enterprise« und schwebte in einer Höhe von 150 m über Washington D.C. Bei der Überfahrt des Rasens vor dem Weißen Haus übermittelte er seine Beobachtungen vom Ballon zum Boden, indem er zum ersten Mal einen elektrischen Telegraf benutzte. Seine Botschaft an Präsident Lincoln lautete: »Die Stadt ist von einem Gürtel von Militärlagern umgeben; ein toller Anblick.«

Auch während der Peninsular-Kampagne (März bis Juli 1862) spielte Lowe mit seinem Ballon »Eagle« in der Schlacht eine Rolle. Er unternahm mehrere Fahrten über Yorktown, um die Konföderiertenarmee beim Rückzug nach Richmond zu beobachten. Die Peninsular-Kampagne war ein Versuch der Unionsarmee,

Posieren am Geschütz. Ferdinand Graf Zeppelin während des Amerikanischen Bürgerkriegs.

den Südteil von Virginia und damit Richmond, die Hauptstadt der Konföderation, einzunehmen. In dieser Zeit unternahm Generalmajor Fitz John Porter in einem Ballon mit Thaddeus Lowe als Pilot eine Beobachtungsfahrt über die konföderierten Linien. Bevor die konföderierten Einheiten das Feuer auf den Ballon eröffnen konnte, hatte sich der Wind gedreht und führte die beiden Männer sicher hinter die Unionslinien. Diese Fahrt bewies das Interesse der jüngeren Kommandeure an der Nutzung der neuen Technologie namens Luftfahrt.

Ein erster Flugzeugträger

Im weiteren Verlauf des Feldzugs wurde Lowe die Nutzung eines alten Kohlenlastkahns namens »George Washington Parke Custis« bewilligt, der umgebaut wurde und Platz für zwei Ballons (»Constitution« und »Intrepid«) sowie zwei Wasserstoff-Produktionsanlagen bot. Er ähnelte dem eisernen U-Boot »Monitor« der Unionsarmee, was den Kohlenlastkahn wahrscheinlich vor feindlichen Angriffen schützte. Von diesem Kahn aus konnte Lowe mehrere Aufstiege zu Aufklärungsfahrten über Mechanicsville in Virginia und die Schlacht von »Seven Pines«, auch bekannt als »Fair Oaks« (31.5.–1.6.1862), durchführen. Dieser Lastkahn mit Lowes beiden Ballons stellte den ersten Flugzeugträger der Welt dar. John La Mountain führte zwar den ersten Start mit einem Ballon schon 1861 vom Dampfer »Fanny« aus durch, doch wurde der Dampfer dafür nicht umgebaut.

Während der Schlacht von »Fair Oaks« bemerkte Lowe, dass die Konföderiertenarmee sich formierte, um die abgeschnittene Unionsarmee von General Samuel Peter Heintzelman anzugreifen. Lowes rechtzeitige Meldung bewog Heintzelman und seine Armee zum Rückzug und rettete sie vor einer Niederlage. Während dieser Schlacht erkrankte Lowe an Malaria, und daher wurden die Ballonfahrten zur Aufklärung für fast einen Monat unterbrochen. Lowe kam mit seinen Ballons während der Kämpfe in Sharpsburg, Maryland (16.–18.9.1862), und Fredericksburg, Virginia (11.–15.12.1862), wieder zum Einsatz.

Die Ballons des Signal Corps wurden im März 1863 dem Ingenieur Corps übergeben, das aber im August des gleichen Jahres aufgelöst wurde. Während dieser Zeit zog sich Lowe aus dem Kriegsgeschehen zurück, um nach dem Krieg Aufklärungsfahrten in England, Frankreich und Brasilien durchzuführen.
Lowe entwickelte ein Verfahren, mit dem große Mengen von Wasserstoffgas mithilfe von Dampf und Kohle produziert werden konnten, anstatt wie bisher Eisenspäne in Schwefelsäure aufzulösen. Offenbar hatten Ferdinand Graf von Zeppelin und Thaddeus Lowe mehrere Jahre lang Kontakt, und sicher war das für die spätere Entwicklung der starren Luftschiffe von Bedeutung.

John LaMountain

Eine weitere wichtige Figur der amerikanischen Luftfahrt war John LaMountain, der zusammen mit John Wise und O. A. Gager 1859 zwischen St. Louis, Missouri und Jedderson County im Bundesstaat New York eine 23-stündige Non-Stop-Ballonfahrt durchführte. Ihm wurde von Generalmajor Benjamin F. Butlar in dessen Hauptquartier, Fort Monroe, Virginia, Ende Juni 1861 eine Stelle angeboten. Er kam mit seinen beiden Ballons »Saratoga« und »Atlantic«, die etwas älter und verschlissen waren, im August 1861 an und startete eine Aufklärungsfahrt von Bord des Dampfers »Fanny« aus, um konföderierte Einheiten zu finden.
Dies war, wie schon erwähnt, das erste Mal in der Geschichte der Menschheit, dass ein Flugobjekt (Ballon) von einem Schiff aus startete. Danach erfolgten mehrere Nachtaufstiege, um die Zahl feindlicher Lagerfeuer zu erkunden. General Butlar erkannte die Möglichkeiten von LaMountains Ballons, wurde aber durch General John E. Wool ersetzt. Wool war ein älterer Offizier, damals schon mit fast 50 Jahren Dienstzeit, der keinerlei Interesse an der Luftaufklärung hatte. Somit erwarb LaMountain nie den Ruf als Pilot wie Lowe.

Einfluss von John Steiner

John Steiner, ein deutscher Einwanderer, hat Ferdinand Graf von Zeppelin am meisten beeinflusst. General Charles Pomeror Stone, der mit seiner Unionsbrigade bei »Edward's Ferry«, Maryland, lag, wurde von John Steiner nach mehreren Aufstiegen im Januar 1862 über die militärische Lage unterrichtet. Steiner unternahm mehrere Aufstiege entlang des oberen Potomac-Flusses, bei denen es konföderierten Heckenschützen gelang, auf Steiner in seinem »Intrepid« zu schießen. Niemand wurde verletzt.
Am 21.2.1862 bot Steiner freiwillig seine Dienste General George B. McCellan an, der gerade versuchte, die Südstaaten über Illinois zu erobern. Steiner wurde gebeten, zur Unterstützung nach Illinois zu Generalmajor Henry W. Halleck zu gehen. Aufgrund von Sprachschwierigkeiten und Hallecks Mangel an rudimentären Ortskenntnissen ist es Steiner nicht gelungen, die Bedeutung der Ballons zu demonstrieren. Steiner schrieb: »Sie (Hallecks Offiziere) sagten, sie wüssten nichts über mein Ballonunternehmen, und haben über mich gelacht … Alle Offiziere sind so dumm wie eine Reihe von Eseln«. Das Wetter verhinderte bis zum 26.3. einen weiteren Aufstieg, bei dem man die Wirksamkeit von Admiral Andrew H. Footes Beschuss der konföderierten Einheiten hätte feststellen können. Steiner berichtete, dass oft über das Ziel hinausgeschossen worden war. Die verbesserte Genauigkeit führte dazu, dass die Unionsarmee am 7.4.1862 die Kontrolle über »Island Nr. 10« gewann und somit die Schifffahrt des Mississippi bis nach Fort Pillow, Tennessee, kontrollierte.

Feldmäßige Überfüllung eines Gasballons in der Nähe des Schlachtfeldes.

Steiner verließ die Balloneinheiten im Sommer 1862 und arbeitete danach auf Ausstellungen und Jahrmärkten.
Ein glücklicher Zufall brachte Graf Ferdinand von Zeppelin in die Nähe von Missouri. Wahrscheinlich hatte er zu dieser Zeit seine militärischen Aufgaben bereits abgeschlossen. Der 25-jährige Graf kam am 16.8.1863 in St. Paul, Minnesota, an und wohnte im »Hotel International«. Die beiden Männer, Graf Zeppelin und Steiner, trafen sich dort, und die gemeinsame Sprache erleichterte es, dass Graf Zeppelin einen Großteil seines späteren Wissens über den Bau von Ballons und ihre Nutzung als militärisches Instrument erfuhr.
Diese Zusammenkünfte wurden in einem Schreiben von Graf Zeppelin an seinen Vater dokumentiert: »Ich habe die Bekanntschaft des berühmten Luftschiffers Prof. Steiner, der eine neue Art von Ballon, geeignet für militärische Aufklärung, erfunden hat, gemacht.«
Zwei Tage später unternahm Graf Zeppelin von einem freien Grundstück gegenüber dem Hotel aus eine Fahrt in einem 1150 m^3 großen Fesselballon, der John Steiner gehörte. Steiner bot zahlenden Gästen, von denen Graf Zeppelin scheinbar einer gewesen war, Spritztouren an. Die Fahrten erreichten eine maximale Höhe von 200–250 m. Diese Erfahrung überzeugte Graf Zeppelin, dass die effektive Nutzung der Ballons der militärischen Aufklärung dienen konnte: »Während ich über St. Paul schwebte, hat mich die Idee der Luftnavigation beeindruckt, und dort kam mir zum ersten Mal die Idee von meinem Zeppelin.«
Der Graf schrieb weiter: »Diese Landschaft war außergewöhnlich flach, sodass die Bedeutung der militärischen Aufklärung durch die Ballons demonstriert werden konnte … Es gibt keinen Turm, keine Höhe hoch genug, um die Verteilung der feindlichen Truppen auf so sanfte Art und Weise hinter den Kampflinien zu be-

Aufstieg zur Aufklärungsfahrt mit dem Gasballon während der »Sieben-Tage-Schlacht« im Amerikanischen Sezessionskrieg.

obachten. Von der hohen Position des Ballons war das ganze Umfeld zu betrachten. Die feindlichen Reservetruppen auf der anderen Seite konnten durch ein telegraphisches Signal vom Ballon ausgekundschaftet werden, somit war die Zielgenauigkeit beim Beschuss sicherer. Die oben genannte Technik ist mit großem Erfolg durch die Armee dieses Landes (die amerikanische Unionsarmee) verwendet worden. Keine Methode ist besser geeignet, um einen Überblick eines unbekannten Geländes und die vom Feind besetzte Region zu erkunden«.

Nach der Fahrt mit Graf Zeppelin ging Steiner wieder nach Washington D. C. und zur Potomac-Armee, wo seine Fähigkeiten in Bezug auf die Ballonfahrt mehr geschätzt wurden.

Die Luftaufklärung war im Sezessionskrieg eine der vielen militärischen Entwicklungen, die zum ersten Mal zum Einsatz kamen. Obwohl die frühen französischen Balloneinheiten zur Beobachtung feindlicher Stellungen bereits in der Französischen Revolution genutzt worden waren, wurde die Ballonaufklärung erst durch das amerikanische Militär gezielt eingesetzt. Die Verwendung von Ballons erwies sich als entscheidender Vorteil in der Schlacht von »Bull Run« (Manassas, Virginia) am 21.7.1861, als Leutnant Edward P. Alexander mithilfe von Fahnen die Schwäche der konföderierten Flanke an Brigadegeneral Irvin McDowell signalisierte. Seine Information reichten die Soldaten rechtzeitig an General Joseph E. Johnson weiter, damit die Unionsflanke verstärkt werden konnte, was ihm den Spitznamen »Stonewall« einbrachte.

Ende des Sezessionskriegs

Nach dem Sezessionskrieg ging die Entwicklung des Ballonbaus zwar in Europa weiter, aber nicht in den Vereinigten Staaten. Aus diesem Grund kam Leutnant William A. Hain-

Frühe Fotografie aus der Zeit des Bürgerkriegs. Noch wird der Ballon von den Haltemannschaften am Aufstieg gehindert.

burg 1892 nach Paris, um einen in Frankreich hergestellten Ballon zu kaufen, der später den Namen »General Myer« erhielt. Während der Weltausstellung in Chicago im Jahre 1893 wurde »General Myer« eine Attraktion. Danach ging der jetzt zum Kapitän beförderte Hainburg mit seinem Ballon nach Fort Riley in Kansas, weil dort eine neue Balloneinheit gegründet wurde. Der Ballon »General Myer« bestand aus Goldschlägerhaut, die aus Rinderdärmen gewonnen worden war. Später bestanden auch die Gaszellen der Zeppeline aus diesem Material.

Ein britischer Kapitän, F. Beaumont, reiste mit dem Union Balloon Corps und erläuterte seiner Regierung die für das Militär nützlichen Eigenschaften der Ballons. Zehn Jahre später wurde das »Royal Balloon Detachment« gegründet, zu dessen ersten Aufgaben Aufklärungsflüge in den afrikanischen Kolonien zählten.

Im Jahre 1896 gründete General Adolphus Greely die erste Ballonabteilung in der Geschichte des U.S. Army Signal Corps in Fort Logan, Colorado, obwohl das Militär immer noch der Ansicht war, dass Ballons besser für die Wettervorhersage als für die Aufklärung geeignet seien. Als die Truppen 1898 demobilisiert wurden, wurde jede weitere Entwicklung des Luftfahrtkonzepts eingestellt.

Russell J. Parkinson von der Duke University, North Carolina, fasste die Situation wie folgt zusammen: »Die Grenzen der Ballone wurden bald deutlich, da sie die Anforderungen an die Aufklärung erfüllten, doch gleichzeitig fehlte jegliche Technologie, um sie als Bombenträger einzusetzen.«

Aber es war nicht nur die Bekanntschaft mit Lowe oder die Fahrt mit Steiner, die Zeppelin wahrscheinlich inspirierten. Auch die allgemeine Dynamik der technologischen Entwicklung und die Vorstellung einer Atlantiküberquerung in einem Ballon müssen bei Graf Zeppelin einen nachhaltigen Eindruck hinterlassen haben.

Das Wissen um den Einsatz von Ballons für militärische Aufklärungszwecke macht Graf Zeppelins Pläne und spätere Konzepte verständlich. Sein Besuch in den Vereinigten Staaten während des Bürgerkriegs, die Entwicklung der Luftfahrt, die Erfolge bei der militärischen Aufklärung und der Streit über ihre Wirksamkeit können nicht genug betont werden.

Eine weitere wichtige Erfahrung während seiner Reise war, dass es große Unterschiede zwischen dem amerikanischen und dem deutschen Militär gab, denn die strenge preußische militärische Disziplin unterschied sich sehr von der lockeren Art der amerikanischen Unionsarmee, in der auch Offiziere niederen Rangs beträchtliche Freiheiten in ihren Entscheidungen hatten. Das war auch bei den frühen Piloten der Luftfahrt deutlich zu erkennen. Graf Zeppelin kehrte zwischen dem 18. und dem 30.11.1863 an Bord des Postdampfers »China« nach Deutschland zurück.

Zurück in Deutschland

Zurück in Deutschland wurde Graf Zeppelin zum Adjutanten des Königs von Württemberg ernannt. Seine militärische Laufbahn setzte sich 1866 im Krieg gegen Preußen fort, in dem er

Auf einer Postkarte dokumentierte Szene aus dem Deutsch-Französischen Krieg 1870/71 mit Graf Zeppelin als mutigem Aufklärungsreiter, von Franzosen verfolgt.

das Ritterkreuz des militärischen Verdienstordens vom Land Württemberg erhielt. Diese Auszeichnung bekam er dafür verliehen, dass er die Verbindung zwischen den württembergischen und den hessischen Divisionen trotz der Tatsache aufrecht erhielt, dass die Brücken über den Main vom Feind besetzt waren.

Während des Kriegs von 1870/71 gegen Frankreich ist Zeppelin durch seinen Aufklärungsritt hinter die feindlichen Linien (24.–26.7.1870) bekannt geworden. Zweifellos hatte die Belagerung von Paris während des Kriegs mit der berühmten Ballonpost und der erfolgreichen Flucht der Mitglieder des Parlaments in einem Ballon Zeppelins Interesse wieder geweckt. Während dieser Belagerung verließen 66 Ballons mit 164 Personen und 10 675 kg Post Paris. Ab dem Januar 1872 befehligte Zeppelin die 5. Staffel des schleswig-holsteinischen Ulanen-Regiments, die in Stuttgart stationiert war. 1874 erreichte er den Rang eines Majors und wurde beim 26. Württembergischen Dragoner-Regiment in Ulm stationiert. Später befehligte er das schleswig-holsteinische Ulanen-Regiment Nr. 15 in Stuttgart. Am 27.1.1884 wurde Graf Zeppelin zum Oberst befördert und im folgenden Jahr als militärischer Vertreter zur württembergischen Botschaft nach Berlin versetzt.

Ein Jahr vor seiner Hochzeit: Ferdinand Graf von Zeppelin als königlicher Flügeladjutant, 1868.

1890 kehrte er im Rang eines Brigadegenerals zum Militär nach Saarburg zurück und versuchte organisatorische Veränderungen nach amerikanischem Vorbild in Deutschland durchzusetzen. Dieses Wagnis missfiel seinen Vorgesetzten, vor allem dem General der Kavallerie Georg Friedrich von Kleist, und so wurde Graf Zeppelin während der Herbstmanöver im September 1890 darüber informiert, dass er nicht erwarten könne, eine Division zu kommandieren. So kam es, dass Graf Zeppelin im gleichen Jahr im Alter von 52 Jahren mit dem Rang eines Generalleutnants in den Ruhestand trat und sein Haus in der Keplerstraße 19 in Stuttgart bezog. Er begann nun, an seinem Traum eines steuerbaren Luftschiffs zu arbeiten.

Am 7.8.1869 heiratete Ferdinand Graf von Zeppelin Isabella Gräfin von Wolff (4.5.1846–2.1.1922) aus dem Haus Altschwanenburg (Livland) in der St.-Matthäi-Kirche in Berlin. Die Tochter Helene (genannt Hella) Amalie Marie Henriette Karol (28.11.1879–6.12.1967) heiratete Alexander Graf von Brandenstein am 19.2.1909 in Stuttgart. Damit der Familienname »Zeppelin« erhalten blieb, ließ König Wilhelm II. von Württemberg als Hochzeitsgeschenk eine Namensänderung zu, sodass die Familie bis heute »von Brandenstein-Zeppelin« heißt. Der heutige Wohnsitz liegt im baden-württembergischen Mittelbiberach.

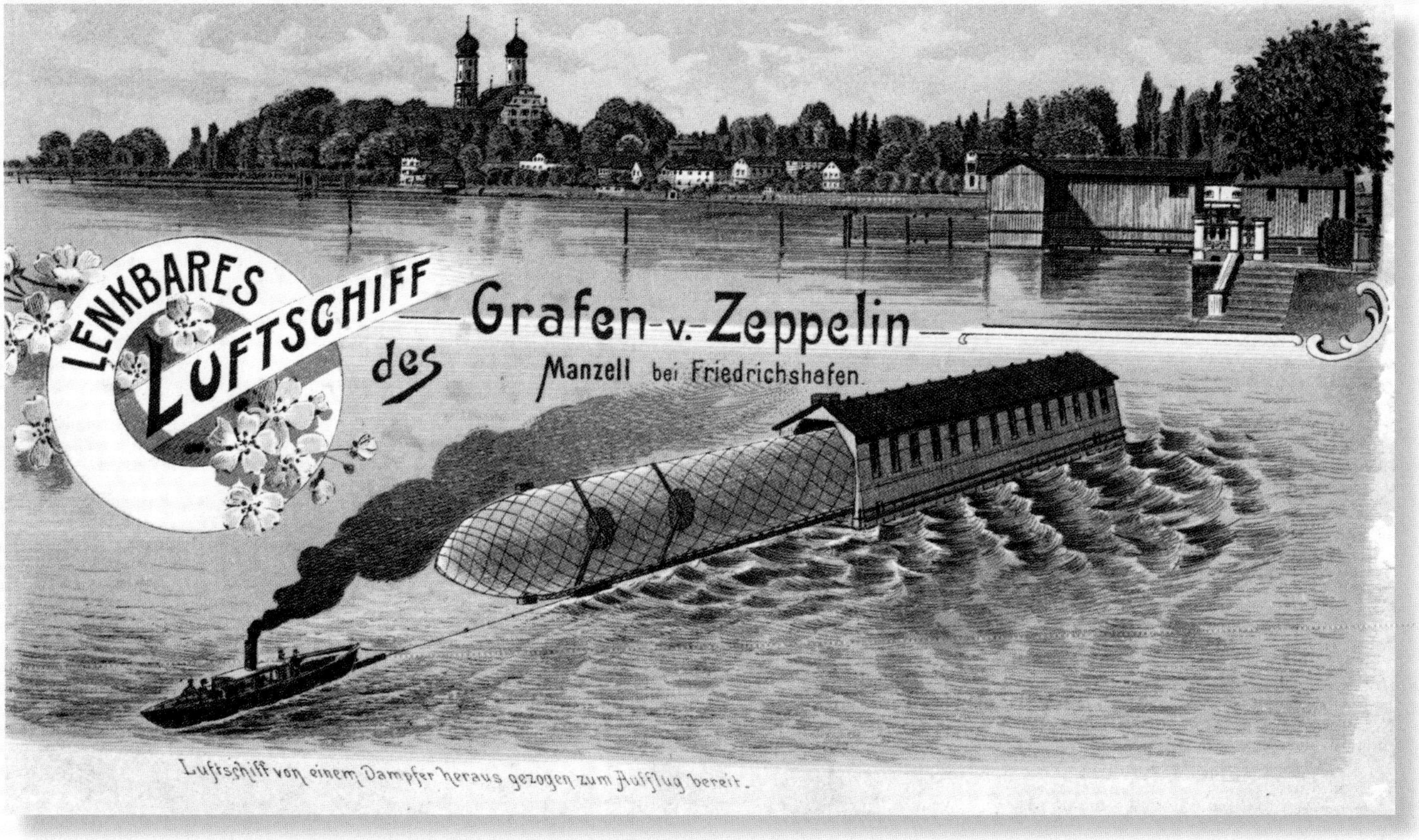

Gezeichnetes Postkartenmotiv von 1899. Vor der Silhouette von Friedrichshafen schleppt ein Dampfer LZ 1 aus seiner schwimmenden Halle.

Erste Luftschiffe

Aus damaliger Sicht war Ferdinand Graf von Zeppelins Interesse an einem technischen Gerät nicht nur ungewöhnlich, sondern nahezu skandalös.

Dass ein Adliger sich mit dem Bau eines Fluggeräts beschäftigte, war gesellschaftlich anstößig. Dem Adel war es vorbehalten, sich mit Kultur, Religion, philosophischen Themen, dem Forstbetrieb, der Jagd oder der Pferdezucht zu beschäftigen. Nur wenige Adlige waren als Wissenschaftler oder Ingenieure ausgebildet, und somit war es kaum vorstellbar, dass ein Adliger die technischen Probleme der Luftschifffahrt meistern konnte. Im Vergleich dazu waren die Gebrüder Wright ganz einfache Männer, die nicht einmal ein Abitur besaßen, aber ein Fahrradgeschäft betrieben und über technisches Wissen und eine große handwerkliche Begabung verfügten.

Erschwerend kam noch Graf Zeppelins hoher Rang als Generalleutnant hinzu, denn es war einfach in diesem Stand ungewöhnlich, dass sich ein Offizier mit einem Luftschifffahrtsprojekt beschäftigte. Aber bei nüchterner Betrachtung lässt sich erahnen, dass Graf Zeppelin diese Situation auch zu seinen Gunsten nutzte.

Die Kosten der Entwicklung seines Luftschiffs haben enorme Summen an Geld verschlungen,

1884 wurde das französische Motor-Luftschiff »La France« gebaut und zum ersten Mal erfolgreich erprobt. Es wurde von Charles Renard in Zusammenarbeit mit Arthur Constantin Krebs in Chalais Meudon bei Paris gebaut. Es war das erste funktionierende motorisierte Luftschiff der Welt, das seine Fahrtrichtung bestimmen konnte. Das Luftschiff war 52 m lang und wurde durch einen elektrischen Motor mit einer 435 kg schweren Batterie betrieben. Es unternahm zwischen 1884 und 1885 insgesamt sieben Fahrten.

und nur durch großzügige Spender war es möglich, sie weiter voranzutreiben. Viel Unterstützung bekam Graf Zeppelin vom baden-württembergischen Königshaus und zahlreichen anderen adligen Familien. Gleichzeitig war sich Graf Zeppelin bewusst, dass er seine früheren militärischen Verbindungen und Kontakte benötigte, um das Luftschiff an das deutsche Militär verkaufen zu können. Seine patriotische Einstellung war »Glaube, Gott und Vaterland«, und in seinem Innersten war er Soldat geblieben.
Zusammengefasst: Ferdinand Graf von Zeppelin war ein ungewöhnlicher Mann seiner Zeit, ein Mann, dessen Produktivität mit 52 Jahren noch nicht verbraucht war, und ein Mann mit einer Vision für die Zukunft.

Anfängliche Versuche

Obwohl Zeppelins erste Idee eines Luftschiffs auf die Fahrt von 1863 in die Vereinigten Staaten zurückgeht, nahm dieser Gedanke erst im Januar 1874 eine konkrete Form an. Damals hörte er einen Vortrag von Heinrich von Stephan, dem Generalpostdirektor, mit dem Titel »Weltpost und Luftschifffahrt«. Während dieser Zeit machte Zeppelin auch die Bekanntschaft des Physikers Hermann von Helmholtz (1821–1894), des Radiopioniers Adolf Slaby (1849–1913) und des

LZ 1 während des Baus in der schwimmenden Luftschiffhalle in Manzell.

Blick in die Halle von Manzell und auf das Heck eines Luftschiffes.

Fertig zum Aufstieg von LZ 1 mit Graf Zeppelin an Bord der bootähnlichen Luftschiffgondel.

Bauingenieurs Heinrich Müller-Breslau (1851–1925). Das grundlegende Konzept legte er nach einem Reitunfall im Jahre 1874 während des Krankenhausaufenthalts fest.

Trotz der französischen Überlegenheit bei der technischen Entwicklung und des möglichen militärischen Vorsprungs begann Graf Zeppelin im Jahre 1891 zusammen mit Theodor Groß, die ersten Pläne für sein Luftschiff zu erstellen. Groß war Ingenieur und von der Firma Daimler empfohlen worden. Er baute später eine Reihe von kleinen, halbstarren Luftschiffen in Berlin. In den Jahren 1910 und 1911 wurde Groß ein Konkurrent, da das Militär sich noch nicht festgelegt hatte, ob Starr-, Halbstarr- oder Prallluftschiffe seine Anforderungen am besten erfüllen würden.

Ein Starrluftschiff besitzt ein Gerüst aus Holz oder Aluminium, das eine Anzahl von Gaszellen enthält. Die Zeppeline und die Schütte-Lanz-Luftschiffe waren so konstruiert und somit wesentlich größer als die anderen Typen. Ein halbstarres Luftschiff trägt eine Metallkonstruktion unterhalb einer großen Gaszelle. Sie dient der Stabilisierung und trägt die Motoren und Treibstofftanks.

Prallluftschiffe oder »Blimps« sind meist die kleinste und billigste Version der Luftschiffe. Sie haben keine feste Konstruktion, um ihre Form zu erhalten. Die Gestalt der Gaszelle wird durch ein Kabelsystem innerhalb des Schiffs aufrechterhalten, das zur Führergondel und zum Heckruder reicht. Die meisten der heute zur Werbung eingesetzten Luftschiffe gehören zu diesem Typ.

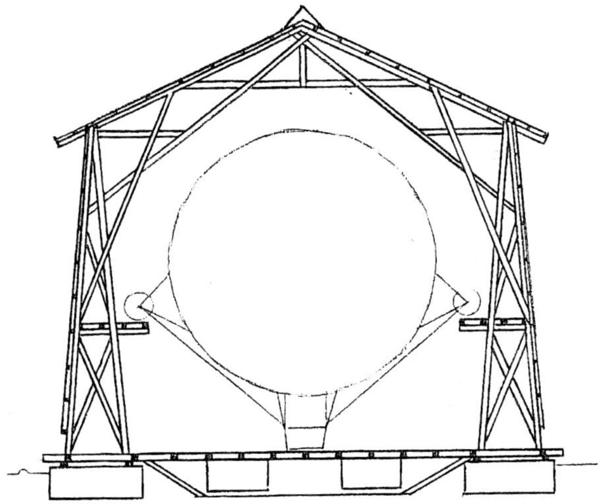

Schnitt durch die Konstruktion der schwimmenden Luftschiffhalle von Manzell.

Major Groß wurde bald durch Theodor Kober ersetzt. Kobers frühes Konzept für einen »Zug in der Luft« mit einer Lokomotive und Wagen wurde durch eine Kommission in einem Bericht vom 10.7.1894 kritisiert, und das Kriegsministerium verweigerte jegliche finanzielle Unterstützung für das Projekt. Graf Zeppelin überarbeitete sein Konzept und behauptete, dass sein Luftschiff weiter reisen und sich länger in der Luft aufhalten könne, als es technologisch zu diesem Zeitpunkt möglich war, um wieder das Interesse der deutschen Militärführung zu erringen. Man muss sich vor Augen halten, dass sich zu diesem Zeitpunkt Benzinmotoren, Propeller und aerodynamische Erkenntnisse im frühesten Stadium der Entwicklung befanden. Es dauerte noch viele Jahre, bis das Flugzeug entworfen wurde und erfolgreich fliegen konnte. Der endgültige Entwurf für das Zeppelin-Luftschiff wurde am 31.8.1895 patentiert (DRP-Nummer 98580).

Ein wichtiger Beitrag für dieses Projekt kam vom Metallhersteller Carl Berg. Obwohl dieser einen Vertrag mit David Schwarz (20.12.1850–13.1.1897) über den Bau eines Luftschiffs aus Aluminium unterschrieben hatte, entwickelten sich die Ereignisse zugunsten von Graf Zeppelin. Schwarz starb, bevor sein Luftschiff fertig war, und seine Witwe Melanie führte die Arbeiten weiter. Sein Luftschiff war 38,32 m lang und hatte eine Hülle aus 0,20 mm dicken Bahnen aus Aluminiumblech, die luftdicht gefalzt und vernietet waren. Unter der Hülle war eine Gondel fest angebaut, in der ein 16-PS-Daimler-Motor den Antrieb darstellte.

Graf Zeppelin kaufte kurz nach Schwarz' Tod der Witwe die Rechte an dem Patent ab. Am 3.11.1897 wurde die erste und einzige Fahrt des Schwarz-Luftschiffs auf dem Tempelhofer Feld (später Flughafen Tempelhof) in Berlin mithilfe

Major Hans Groß wurde am 5.5.1860 in Samter (Westpreußen) geboren. Er verbrachte seine Jugend in Görlitz und trat 1879 ins Militär ein. Er nahm an mehreren Ballonaufstiegen zur Untersuchung der Atmosphäre teil, bei denen er eine Höhe von 7930 m erreichte. Seine Erinnerung an Graf Zeppelin hielt er in einem Buch mit dem Titel »Der Luftballon im Dienste des Heeres und der Wissenschaft« fest.

Von 1906 bis 1914 übernahm er das Kommando des ersten deutschen Luftschiffer-Bataillons in Berlin-Tegel. In dieser Zeit baute er mit unterschiedlichem Erfolg zusammen mit Nikolaus Basenach vier verschiedene halbstarre motorisierte Luftschiffe. Sie waren eine Zeit lang eine ernsthafte Konkurrenz für die Zeppeline. Kaiser Wilhelm II. kam am 24.4.1910 nach Bad Homburg v. d. Höhe, um eine Parade der drei Luftschifftypen abzunehmen. LZ 5 (Z II), P II (Parseval Nr. 2) und M I (Groß-Basenach Nr. 1) kreisten über einem offenen Feld. LZ 5 wurde auf der Rückfahrt bei Weilburg zerstört; trotzdem setzte sich der Zeppelin durch.

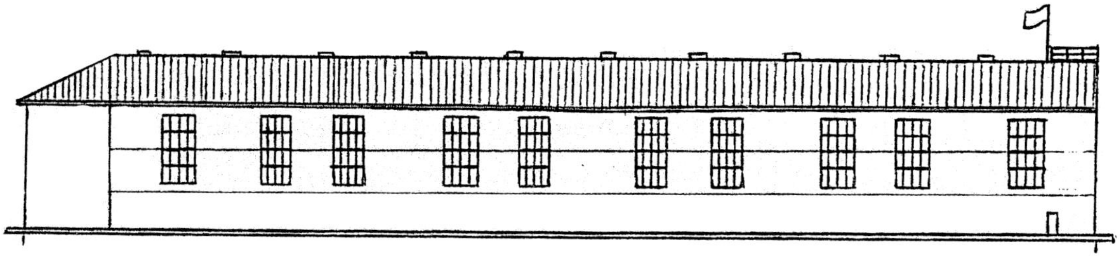

140 Meter lang, 24 Meter breit und 21 Meter hoch. Zeppelins erste hölzerne Luftschiffhalle auf dem Wasser des Bodensees.

Dr. Konrad Freiherr von Bassus (1874–1928). Freund des Grafen und auf der ersten Fahrt von LZ 1 dabei.

der Preußischen Luftschiffer-Abteilung durchgeführt. Der Aufstieg war jedoch nur kurz und führte zum Absturz und Tod von Pilot Ernst Jagels. Carl Berg löste seinen Vertrag mit der Familie Schwarz auf und war daher in der Lage, Graf Zeppelin das Aluminium zu liefern, das dieser so dringend für sein Unternehmen benötigte.

Schwimmende Halle

Am 28.6.1898 wurde die »Gesellschaft zur Förderung der Luftschifffahrt« von Graf Zeppelin gegründet, um Mittel für den Bau seines ersten Luftschiffs zu erhalten. Von den erforderlichen 800 000,- Mark investierte Graf Zeppelin 300 000,- Mark, und Carl Berg stellte 100 000,- Mark bereit. Am 17.6.1898 ersetzte Ing. Hugo Kübler Theodor Kober. Obwohl wenig über Kübler bekannt ist, war er verantwortlich für die Gestaltung von LZ 1. Die Gesellschaft zog mit ihrem Hauptsitz nach Friedrichshafen um. Graf Zeppelin wohnte im Hotel »Deutsches Haus«, wo er auch ein kleines Büro hatte, und im Hotel »Buchhorner Hof«. Später zog er ins »Kurgarten-Hotel«.

Um das erste Luftschiff bauen zu können, musste zunächst eine Halle entstehen. 1899 wurde daher eine schwimmende Halle, die nur auf ihrer Schmalseite fest verankert war, in Manzell am Bodensee gebaut. Die Halle stellte sich selbsttätig in den Wind und ermöglichte damit das Ein- und Ausfahren von Luftschiffen auf der windabgewandten Seite. Die Gesamtbaukosten beliefen sich auf 75 152,- Mark.

LZ 1 wurde gebaut und machte seine erste Fahrt am 2.7.1900. Bei LZ 1 zeichnete sich bereits das grundlegende Konzept der folgenden Luftschiffe ab:

- Die Luftschiffe hatten eine schlanke aerodynamische Form.
- Das Gerüst erhielt seine Gestalt durch die Verwendung von Aluminium.

Rudolf Hans Bartsch von Sigsfeld (9.2.1861–1.2.1902) war zusammen mit Richard Aßmann durch die Erfindung des Aspirationspsychrometers bekannt geworden, das die Temperatur bei Ballonfahrten messen konnte. 1893 entwickelte er zusammen mit August von Parseval den Drachenballon, einen Vorläufer des Prallluftschiffs. Während des Ersten Weltkriegs sind viele Tausend Drachenballons entlang der Front zu Aufklärungsarbeiten eingesetzt worden. 1896 wurde Bartsch von Sigsfeld Hauptmann des Luftschiffer-Bataillons in Berlin-Tegel, und bis zu seinem Tod war er für Graf Zeppelin tätig.

- Es waren zwei Gondeln (später mehrere) für die Steuerung und die Motoren vorhanden.
- Die Gondeln waren direkt mit dem Gerüst verbunden und hingen nicht wie bei einem Ballon frei.
- Ein Mittelgang sorgte für eine Verbindung zwischen den verschiedenen Gondeln.
- Die Propeller lagen auf Höhe des Luftwiderstandsmittelpunkts.

Unter der Federführung des erfahrenen Luftschiffers Hauptmann Bartsch von Sigsfeld zog das Dampfschiff »Buchhorn« den Ponton, auf dem LZ 1 sicher befestigt war, aus der schwimmenden Halle. Fünf Personen waren an Bord. In der vorderen Gondel befanden sich ein enger Freund von Graf Zeppelin, Dr. Konrad Freiherr von Bassus, der Mechaniker Eisele und Graf Zeppelin selbst. Der Journalist Eugen Wolf und der Mechaniker Gross saßen in der hinteren Gondel. Graf Zeppelin nannte seine Erfindung ein »Flugschiff«, doch der Name änderte sich sehr schnell in »Luftschiff«, und weltbekannt wurden die Luftschiffe unter seinem eigenen Namen als »Zeppeline«.
Tausende von Zuschauern säumten das Ufer des Bodensees, aber die Freude am Erfolg war nur von kurzer Dauer. Die Fahrt dauerte nur 18 Minuten, und das Luftschiff musste in Immenstaad notlanden. Der Kontrollmechanismus für das Gleitgewicht, das der Tarierung diente, zerbrach, und auch die Motoren bereiteten Probleme, die aber schnell behoben werden konnten. Es war wohl irrtümlicherweise destilliertes Wasser in einen Benzintank gegossen worden. Mit einem Brutto von 300 kg war das Luftschiff leichter als beim Bau geplant, erreichte jedoch nur eine Durchschnittsgeschwindigkeit von 27 km/h. Die Berichte von Bartsch von Sigsfeld und den beiden Vertretern des Luftschiffer-Bataillons aus Berlin-Tegel an das Kriegsministerium waren vernichtend: Das Luftschiff sei nicht für militärische oder zivile Zwecke zu gebrauchen.
Nach zwei weiteren Fahrten am 17. und 24.10. 1900 gingen dem Unternehmen die finanziellen Mittel aus, und im November 1900 wurde die Gesellschaft liquidiert. Obwohl das erste Luftschiff nur wenige Fahrten überstanden hatte, schien das Konzept von Graf Zeppelin für die Zukunft Erfolg versprechend zu sein. Das Luftschiff wurde im Februar 1902 demontiert, und

Nach einer Probefahrt nähert sich LZ 3 der Landehalle in Manzell. Von dort wird es in die große Halle gezogen, die am rechten Bildrand zu sehen ist.

Langsam wird LZ 3 in die schützende Luftschiffhalle bugsiert.

Eines der seltenen Fotos vom Bau des LZ 1 in der schwimmenden Halle von Manzell.

Majestätisch schwebt das 128 Meter lange LZ 1 über den Bodensee. Dieses erste Luftschiff des Grafen Zeppelin hat »nur« einen Durchmesser von 11,25 Meter.

Das Luftschiff »fuhr auf einer Art Schublade im Bodensee«. Da fehlte wohl noch die textliche Herausbildung der Dinge, um die es hier ging. Gemeint war das Floß, auf dem LZ 1 vom Dampfer »Buchhorn« aus der Halle gezogen wurde.

Sehr schöne zeitgenössische Postkarte, deren künstlerisches Motiv die schwimmende Halle des LZ 1 auf dem Bodensee in Manzell darstellt. Auch der Text hat künstlerische Manier.

die Ingenieure und Designer Kübler und Burr verließen das Unternehmen. Kaiser Wilhelm II. zeichnete den Grafen am 7.1.1901 für seine Leistungen mit dem Roten Adlerorden I. Klasse aus, dem zweithöchsten preußischen Orden.

Technische Verbesserungen

Ludwig Dürr begann am 15.1.1899 als Ingenieur für Graf Zeppelin zu arbeiten, und es sollte eine recht erfolgreiche Zusammenarbeit werden. Als neuer Chefingenieur ab Februar 1902 nahm er die Arbeiten am zweiten Luftschiff in Angriff. Die Finanzierung des Projekts kam teilweise durch eine staatliche Lotterie, durch Spenden und die Verpfändung des Nachlasses von Graf Zeppelins Frau Isabella zustande.
Obwohl dieses zweite Luftschiff kleiner wurde und sein Volumen geringer war, war es weitaus besser gebaut, da es viele Innovationen enthielt. So kam Duraluminium zum Einsatz, eine Legierung aus Aluminium, Zink und Kupfer. Die schwachen Daimler-Motoren wurden durch zwei leistungsfähigere, 85 PS starke Mercedes-Motoren ersetzt, und die Propeller waren größer. Dürr verstärkte die Profile der Längs- und Ringträger, indem er sie in einem dreieckigen Querschnitt ausführte. Diese Profile wurden bis LZ 7 weiter verbaut, und ab dann wurden gewalzte Duraluminium-Profile benutzt.
Doch Graf Zeppelin hatte auch mit diesem Luftschiff kein Glück. Während der ersten Probefahrt am 30.11.1905 wurde es von der Plattform ins Wasser gezogen, und dabei wurden Ruderflächen beschädigt. Bei der zweiten Probefahrt am 17.1.1906 verlor Graf Zeppelin die Kontrolle über das Luftschiff und musste in einer Baumgruppe etwa 50 km von Manzell entfernt in Kißlegg notlanden, was erhebliche Schäden am Luftschiff verursachte. In der da-

rauffolgenden Nacht gab die Natur dem Luftschiff den Rest: Es wurde vom Wind gegen den Boden gedrückt und völlig zerstört.
Doch Graf Zeppelin ließ sich nicht entmutigen und entwickelte Pläne für sein drittes Luftschiff. Die finanziellen Mittel setzten sich aus verschiedenen Quellen zusammen: der Luftschiff-Studiengesellschaft in Berlin, einer zusätzlichen Lotterie sowie Geld aus der Schatulle von Kaiser Wilhelm II. LZ 3 entsprach vom Entwurf her LZ 2, besaß aber mit 12 200 m^3 ein größeres Volumen.
Dieses Luftschiff erwies sich als Wendepunkt der Entwicklung. LZ 3 hatte eine Nutzlast von mehr als 2100 kg bei einer Geschwindigkeit von 39,5 km/h. Während der ersten Probefahrt am 9.10.1906 blieb das Luftschiff mit elf Personen an Bord für mehr als zwei Stunden in der Luft. Es sei daran erinnert, dass zu dieser Zeit nur die Gebrüder Wright beim gelenkten Fliegen erfolgreich waren. Doch erst am 14.5.1908 gelang es ihnen, mit ihrem Mechaniker Charles W. Fumas einen Passagier in einem Wright-»Flyer«-Flugzeug mitzunehmen, wobei der Flug nur vier Minuten dauerte.
König Karl von Württemberg übersandte Ferdinand Graf von Zeppelin zu seinem Geburtstag in diesem Jahr folgendes Telegramm: »Ich habe heute ein besonders starkes Bedürfnis, Ihnen meine aufrichtigsten und herzlichsten Glückwünsche zu senden. Ich weiß, dass diese guten Wünsche von meinem ganzen Lande geteilt werden. Wir alle blicken mit Stolz und Bewunderung auf Sie. Ich wünsche Ihnen noch viele, viele weitere Jahre. Ich mache mir selbst die Freude, Ihnen heute die Goldene Medaille für Kunst und Wissenschaft zu verleihen, als ein äußeres Zeichen meiner tiefen Verehrung für Sie«.
Die Reichsregierung bewilligte am 15.4.1907 eine Spende von 500 000,- Mark für den Bau von LZ 4 unter der Voraussetzung, dass das Luftschiff für 24 Stunden in der Luft bleiben könne. Unter diesen Bedingungen wollte das deutsche Militär sowohl LZ 3 als auch LZ 4 zu einem Preis von 2 150 000,- Mark kaufen.
Die alte schwimmende Luftschiffhalle wurde fest am Ufer verankert, mit der Öffnung in Richtung Bodensee. Mit Unterstützung der Reichsregierung wurde 1907 eine neue Luftschiffhalle, die sogenannte »Reichshalle« (Manzell Nr. III), von der Firma Albert Buss & Co. aus Wyhlen gebaut. Geheimrat Lewaldt bezahlte die Gesamtkosten in Höhe von 350 000,- Mark und bot die Halle Graf Zeppelin zur kostenlosen Nutzung zum Zweck der Entwicklung von Luftschiffen an. Die Halle wurde von 38 Pontons getragen, und wie zuvor gab es eine schwimmende Plattform, auf der ein Luftschiff starten und landen konnte.
Nach weiteren Probefahrten war das deutsche Militär bereit, LZ 3 für militärische Zwecke zu erwerben. Das Luftschiff wurde als »Z I« (Z wie Zeppelin) bekannt.

Die Katastrophe von Echterdingen

Graf Zeppelin stellte Theodor Kober am 14.12.1907 wieder ein, um die Arbeit an einem Heißluftballon zu beginnen. Obwohl das Projekt nicht über einen einfachen Entwurf hinausging, blieb Kober bis 1912 im Dienst des Grafen. Seine Geschichte wird mit der Gründung der Flugzeugbau Friedrichshafen GmbH fortgesetzt, wie später beschrieben wird.
Die erste Fahrt von LZ 4 fand am 20.6.1908 statt, und Kober, Dipl.-Ing. Stahl sowie ein Herr Uhland waren als Passagiere an Bord. Eine Fehlkonstruktion am Ruder stellte sich als Problem dar und führte dazu, dass das Schiff drei unkontrollierbare Kreise beschrieb, bevor eine

Theodor Kober (1865–1930). Er brachte Zeppelins Konstruktionsideen als Zeichnungen auf das Papier.

Eine Serie kolorierter Fotopostkarten mit ins Bild montierten Zeppelinen. Von oben nach unten: Wasserburg, Friedrichshafen und Konstanz (linke Seite).

LZ 4 während einer Fahrt über dem Bodensee im Herbst 1908. Der Qualm stammt von den Auspuffgasen der zwei Daimler-Motoren von je 150 PS.

Führergondel des LZ 4 beim Abheben. Graf Zeppelin gibt mit der Schiffsglocke Signale für die Hilfsmannschaften.

Landung möglich war. Reparaturen wurden am 1.7.1908 durchgeführt, und Graf Zeppelin führte danach eine zwölfstündige, 384 km weite Fahrt über der Schweiz durch. Der Erfolg dieser Fahrt wurde in ganz Deutschland in zahlreichen Zeitungsberichten veröffentlicht.

Das Luftschiff LZ 4 wurde der Wendepunkt der Zeppelin-Entwicklung. Am 4.9. um 6:22 Uhr startete es und flog über Basel, Straßburg und Worms, bis bei Mainz Motorprobleme auftraten. Graf Zeppelin landete das Luftschiff um 18 Uhr abends bei Oppenheim, und nach einer kleinen Reparatur konnte es um 22:25 Uhr weiterfahren.

Es flog anschließend nach Echterdingen, damit der Motor durch Daimler in der Nähe von Untertürkheim ersetzt werden konnte. Das Luftschiff ankerte in den frühen Morgenstunden um 7 Uhr, und Soldaten bewachten es vor neugierigen Zuschauern. Graf Zeppelin und die Besatzungsmitglieder erholten sich währenddessen in Echterdingen und kümmerten sich um die Post.

Nach dem Aushallen aus der zweiten, schon größeren schwimmenden Luftschiffhalle in Manzell ist LZ 4 fertig zum Aufstieg.

Was nach dem Brand in Echterdingen von der Bugspitze des LZ 4 übrig blieb.

Am Nachmittag um 15 Uhr, kurz bevor die Reparaturarbeiten abgeschlossen waren, riss ein Sturm das Luftschiff aus seiner Verankerung. Obwohl die Haltemannschaft versuchte, es wieder nach unten zu ziehen, gelang es nicht, gegen den starken Wind anzukämpfen. Das Luftschiff wurde über die Bäume geschleudert, wo es explodierte, zu Boden ging und dann ausbrannte. Zwei Bordmechaniker wurden dabei schwer verletzt.

Obwohl Graf Zeppelin seine finanziellen Ressourcen erschöpft hatte, kam es nun zu einer bemerkenswerten Spendensammlung, die als das »Wunder von Echterdingen« bekannt wurde. Während der Fahrt von LZ 4 hatten mehr Menschen das große, starre Luftschiff gesehen als je zuvor. Obwohl die Mehrheit der Bevölkerung über die Erfolge von Graf Zeppelin täglich in der Zeitung gelesen hatte, waren die Menschen jetzt in vielen großen Städten vom Anblick seiner Erfindung in der Luft beeindruckt. Die Zeitungen schrieben über Graf Zeppelins finanzielle Probleme und das Unglück von Ech-

Die Menschen sind erschüttert und helfen. Nach der Zerstörung des LZ 4 am 5. August 1908 kommen im Deutschen Reich bei einer spontanen »Zeppelinspende« genau 6 096 555 Goldmark zusammen.

terdingen. Die »Frankfurter Zeitung« veröffentlichte sogar eine Sonderausgabe.
Das Ergebnis war eine spontane Flut von Spenden. Als der Graf am folgenden Tag in sein Büro kam, war sein Schreibtisch mit Briefen und Telegrammen aus ganz Deutschland übersät. Man sagt, dass Tränen über seine Wangen gelaufen seien, als er einen Brief nach dem anderen gelesen habe. Innerhalb des ersten Tages kamen genug Spenden zusammen, um die Kosten von LZ 4 zu decken, und schließlich hatte er Spenden in Höhe von mehr als 6 Millionen Goldmark erhalten.
Kaiser Wilhelm II. kam im November 1908, drei Monate nach dem Unglück von Echterdingen, nach Friedrichshafen, um Ferdinand Graf von Zeppelin zu besuchen. Er verlieh ihm den hohen Orden vom Schwarzen Adler, den höchsten preußischen Orden, und nannte ihn bei dieser Gelegenheit »den größten Deutschen des Jahrhunderts«.

Die in Echterdingen aufgesammelten Aluminiumreste des LZ 4 kommen in Friedrichshafen an.

Gesellschaftsgründungen

Graf Zeppelin erkannte schon früh, dass viele der technischen Probleme darauf beruhten, dass es für das Leichter-als-Luft-Konzept kaum geeignete Produkte gab. Motoren, Getriebe und andere Bauteile, die zu dieser Zeit benutzt wurden, waren Produkte für den alltäglichen Gebrauch und nicht für die dauerhafte Belastung in der Luftfahrt geeignet.
Hinzu kam, dass viele Teile auch aus schweren Materialien bestanden, die keineswegs für die besonderen Bedingungen der Luftschifffahrt geeignet waren.
Um dieses Problem zu überwinden, waren Sonderanfertigungen für die Luftschiffe nötig. Graf Zeppelin zog hieraus die Konsequenzen, und so wurde am 8.9.1908 auf der Basis der Spendengelder von Echterdingen die Luftschiffbau Zeppelin GmbH gegründet.
Es entstand ein ganzes Firmenkonsortium, um die Anforderungen des Luftschiff- und des späteren Flugzeugbaus zu erfüllen. Die Luftfahrzeug-Motorenbau GmbH entwickelte leichtere, aber leistungsfähigere Motoren für den dauerhaften Einsatz in der Luftschifffahrt. Die Ballonhüllen GmbH war für die Gaszellenproduktion verantwortlich. Die Zahnradfabrik GmbH baute Getriebe und Antriebswellen, und die Holzindustrie Friedrichshafen lieferte alle nötigen Produkte aus Holz. Weiterhin wurden die Propellerbau GmbH und die DELAG (Deutsche Luftschiffahrts-Aktiengesellschaft) gegründet, die einen Passagier-Luftschiffdienst betrieb und damit die erste Fluggesellschaft der Welt war. Weiterhin gab es die Luftschiffhallen-

Mit dem warmen Geldregen der »Zeppelinspende« konnte Graf Zeppelin seine Pläne für den Bau weiterer Luftschiffe umsetzen.

Luftschiff und Aeroplan als Fotomontage von 1905 am Himmel über Friedrichshafen. Die Luftschiffe des Grafen Zeppelin und die Flugzeuge von Claude Dornier werden fast 100 Jahre das wirtschaftliche Leben der Stadt prägen.

bau GmbH, um die Unterbringung der riesigen Luftschiffe zu gewährleisten.
Die von Graf Zeppelin entwickelten Techniken brachten ihn automatisch dem Flugzeugbau näher, und die gleichen Tochtergesellschaften, die die Luftschiffe mit Bauteilen belieferten, konstruierten später auch Teile für den Flugzeugbau.
Auch hier kam es zu einer Anzahl von Firmengründungen, wie die des ehemaligen Zeppelin-Ingenieurs Kober.
Mit finanzieller Unterstützung von Graf Zeppelin entstand der Flugzeugbau Friedrichshafen. Diese Firma war ein selbstständiges Unternehmen, das viele Konstruktionsteile von anderen Zeppelin-Firmen bezog. Weiterhin kamen die vom Dipl.-Ing. Claude Dornier geführte Luftschiffbau Zeppelin GmbH, Abteilung Do, und die Flugzeugwerft GmbH in Berlin-Staaken hinzu, in der zahlreiche große Land- und Wasserflugzeuge gebaut wurden.
Zweifellos beeinflusste der Erste Weltkrieg Graf Zeppelins Interesse an Flugzeugen, vor allem im Zusammenhang mit militärischen Zwecken. Er war der Meinung, dass man einen Krieg nur gewinnen könne, wenn man die Lufthoheit innehabe. Die Tochtergesellschaften hatten 1917 insgesamt etwa 20 000 Mitarbeiter, und etwa die gleiche Anzahl an Arbeitern war in der Zulieferindustrie tätig.

Graf Zeppelins Mitarbeiter

Zweifellos war der Erfolg von Graf Zeppelin auch den Menschen zu verdanken, die entweder für ihn oder mit ihm arbeiteten. Was verschiedene Ingenieure, Geschäftsführer und Kapitäne im Lauf der Jahre und sogar noch nach seinem Tod als Beitrag zum Unternehmen Zeppelin leisteten, ist bemerkenswert.

Die leitenden Angestellten der Luftschiffbau Zeppelin GmbH vor dem Hauptportal des Firmensitzes in Friedrichshafen 1918.

Techniker und Geschäftsführer

Die Firmen Graf Zeppelins waren vor allem für innovative Techniker und Ingenieure interessant, die sich hier dem neuen Bereich der Luftfahrt widmen konnten. Viele von ihnen leiteten später eigene Bereiche und von Graf Zeppelin gegründete Firmen.

Theodor Kober

Theodor Kober (13.2.1865–20.12.1930) begann seine Arbeit bei Graf Zeppelin, indem er die ersten Pläne für ein starres Luftschiff nach Zeppelins Idee zu Papier brachte. Sein beruflicher Werdegang ist mit der Geschichte der Flugzeugbau Friedrichshafen GmbH verbunden, die nachfolgend beschrieben wird.

Ludwig Dürr

Später hat Dr. Ludwig Dürr (4.6.1878–1.1.1956) die Stelle als Chefingenieur übernommen. Er war für den Entwurf und den Bau aller weiteren 118 Zeppelin-Modelle verantwortlich, von denen neun nur als Projekt ausgearbeitet wurden. Der ruhige und schüchterne Einzelgänger wurde als Sohn eines Winzers geboren. Er wuchs in Stuttgart auf und ging nach einer dreijährigen Ausbildung zum Mechaniker 1899 zur Hochschule für Angewandte Wissenschaften in Esslingen. Für eine kurze Zeit war er im technischen Büro der Prüfstelle der Deutschen Reichsbahn in Aalen beschäftigt.

Eine von Dürrs Entwicklungen war der Bau eines Windkanals im Jahre 1909, der viele Verbesserungen bei der Luftschiffkonstruktion ermöglichte. Dieser Windkanal war viel größer und leistungsfähiger als der alte in Göttingen, der bis dahin genutzt wurde; er wurde von Dr. Max Munk gebaut und mit zwei Maybach-Motoren von insgesamt 500 PS ausgestattet. Alle Zeppelin-Tochtergesellschaften einschließlich Dornier benutzten ihn, sodass er zur Grundlage des Erfolgs der Luftschiffe wurde. Obwohl Dürr selten an Bord der Luftschiffe ging, die er entworfen und gebaut hatte, ist er der Inhaber von über 100 Patenten für Entwicklungen im Luft-

Dr. Ludwig Dürr (1878–1956), Chefingenieur bei Graf Zeppelin und zuständig für Entwurf und Bau fast aller Zeppelin-Luftschiffe.

Wilhelm Ernst Dörr (1882–1954). Diplom-Ingenieur und späterer Direktor der Werke in Berlin-Staaken.

schiffbau, und er erhielt sechs Ehrendoktortitel. 1925 wurde er zum Ehrenbürger von Friedrichshafen ernannt. Max Schirmer beschrieb Dürr wie folgt: »Gedankentiefe, Schöpferkraft, sorgenvolle Verantwortung gaben diesem seltenen Charakterkopf ihr Gepräge … Seine Bescheidenheit, Einfachheit und Zurückhaltung, die seiner Schwabennatur entsprachen, wurden vielfach verkannt. Seine Fähigkeiten aber wurden mit der sechsmaligen Verleihung der Dr.-h.c.-Würde anerkannt«.

Wilhelm Ernst Dörr

Dipl.-Ing. Wilhelm Ernst Dörr (24.6.1882–21.3.1954) war als weiterer sachkundiger Ingenieur von Graf Zeppelin eingestellt worden; zuerst als Manager beim Luftschiffbau und später als Direktor der Werke in Berlin-Staaken. 1909/10 begann er mit der Planung der Luftschiffwerft in Potsdam. Im November 1911 übernahm er das Kommando des DELAG-Luftschiffs LZ 10 »Schwaben«, bis es durch ein Feuer zerstört wurde. Danach kommandierte er LZ 13 »Hansa«. Ab 1914 war er für die Zeppelinproduktion in Potsdam verantwortlich und spielte eine tragende Rolle bei der Gestaltung der weltweit ersten und einzigen Luftschifffabrik in Berlin-Staaken. 1915 wurde er von Graf Zeppelin zum Direktor befördert.
Während seiner Laufbahn erwarb Dörr mehrere Patente – nicht nur für Arbeiten bei der Luftschiffbau GmbH, sondern auch im Ballonhüllenbau und für Maybach-Motoren. Von 1918 bis 1920 arbeitete Dörr in den Werken Zeppelin-Lindau eng mit der Firma Dornier zusammen. Von 1923 bis 1925 war er bei der neu gegründeten »Goodyear-Zeppelin Corporation« in den Vereinigten Staaten und vertrat hier in enger Zusammenarbeit mit Dr. Karl Arnstein die Interessen der Luftschiffbau Zeppelin GmbH. Dörr war beim Luftschiffbau Zeppelin bis zum Ende des Zweiten Weltkriegs beschäftigt. Er zählte damit zu den herausragendsten Persönlichkeiten innerhalb des Zeppelin-Konzerns. Für seine Leistungen wurde Wilhelm Ernst Dörr am 15.10.1950 die Ehrenmitgliedschaft des Vereins Deutscher Ingenieure (VDI) verliehen.

Karl Arnstein

Dr. Karl Arnstein (24.3.1887–12.12.1974) wurde in Prag geboren und erlangte dort 1912 am Technischen Institut seinen Doktortitel. Bei Kriegsausbruch wurde er ins österreichische Heer eingezogen und gelangte schließlich nach Friedrichshafen, um Strukturanalysen an Flugzeugen durchzuführen. Zum Bau von LZ 62, dem ersten »Superzeppelin«, der einen gewaltigen Technologie- und Größensprung mit sich brachte, hat Arnstein viel beigetragen. Nach dem Ersten Weltkrieg war er im Ingenieurteam von LZ 126 wieder mit Strukturanalysen beschäftigt.
Arnstein wurde Vizepräsident der neu gegründeten »Goodyear-Zeppelin Corporation« in Akron, Ohio. Er blieb in den USA und entwarf und baute viele Pralluftschiffe für die U.S. Navy. Er erhielt 34 Patente und zahlreiche Ehrungen, wie die Ehrendoktortitel 1927 von der TU Aachen und 1967 von der Universität von Akron. Eine große Auszeichnung bekam er von der U.S. Navy in Anerkennung seiner Arbeit während des Zweiten Weltkriegs: den »Distinguished Public Service Award«.

Alfred Colsman

Alfred Colsman (7.5.1873–9.1.1955) lernte Graf Zeppelin 1899 kennen und machte innerhalb seiner Firmen eine steile Karriere, die bis zum Generaldirektor der Luftschiffbau Zeppelin

GmbH führte. Colsman war der Schwiegersohn von Carl Berg und teilte mit ihm die große Liebe zur Luftfahrt.
Alfred Colsman war der dritte Sohn von Johann Friedrich Colsman, einem Metallwarenfabrikanten, und absolvierte einen freiwilligen einjährigen Militärdienst in Siegen. Nach dem Tod seines Vaters führten die drei Söhne gemeinsam das Unternehmen weiter. 1899 heiratete er Helene Berg, und während der Hochzeitsreise kamen die jungen Leute ins Geburtshaus von Graf Zeppelin, das Inselhotel in Konstanz. Von dort aus reisten sie gemeinsam nach Friedrichshafen, um sich den Bau von LZ 1 in der schwimmenden Halle von Manzell anzusehen, und hier traf Colsman zum ersten Mal Graf Zeppelin. Nach der Rückkehr übernahm er Führungsaufgaben in der Aluminiumfabrik von Carl Berg, um seinen Schwiegervater zu entlasten.
Als Carl Berg 1906 starb, kam Graf Zeppelin nach Lüdenscheid zur Beerdigung, und die beiden Herren trafen sich zum zweiten Mal. Bei dieser Gelegenheit äußerte Graf Zeppelin den Wunsch, eine neue Luftschiffbaugesellschaft zu gründen. Ein Jahr später wurden ernsthafte Gespräche über Kosten, Gelände und Aufträge geführt. Es gelang Colsman, die Vorstände der Metallwarenfabrik Carl Berg und der Friedrich Krupp GmbH für diese neue Gesellschaft zu gewinnen.
Nach dem Echterdinger Unglück wurde Alfred Colsman von Graf Zeppelin zum Geschäftsführer ernannt. Graf Zeppelin, der schon lange mit seinem Schwiegervater zusammenarbeitete, war von Colsmans Idee begeistert, dass der Luftschiffbau eine nationale Aufgabe sein müsse.
Colsmans Know-how als Geschäftsmann war für Graf Zeppelin so wichtig, dass er ihn 1915 zum Generaldirektor machte.
Im Lauf der Jahre kam es zwischen dem Direktor der Luftschiffbau Zeppelin GmbH, Dr.

Alfred Colsman (1873–1955). Einflussreicher Generaldirektor der Luftschiffbau Zeppelin GmbH.

Hugo Eckener, und Generaldirektor Colsman zu Konflikten. Eckener, der oft und sehr lange unterwegs war, blieb die Aufgabe, die politischen Verhandlungen zu führen, Vorträge bei Spendensammlungen zu halten und selbst »seine« Luftschiffe mit viel Spaß und Freude zu steuern. Colsman erhielt die Kontrolle über die gesamten Tochterbetriebe.
Nachdem Alfred Colsman schließlich am 1.7.1929 die Luftschiffbau Zeppelin GmbH verließ, spielten die Tochtergesellschaften nur noch eine untergeordnete Rolle, und für Hugo Eckener war die Luftschiffentwicklung das finanziell wichtigste Standbein der Firma.
Für seine Arbeit bekam Colsman viele Auszeichnungen, u. a. den Ehrendoktortitel und 1925 die Ehrenbürgerschaft der Stadt Friedrichshafen.

Dr. Hugo Eckener (1868–1954). Journalist und anfänglicher Skeptiker der Luftschiffidee, dann wirksamster Verfechter der Luftschiffe in der Öffentlichkeit.

Hugo Eckener

Dr. Hugo Eckener (10.8.1868–14.8.1954) war als junger Journalist von Alfred Colsman überzeugt worden, sich als PR-Mann für die neu gegründete Luftschiffbau Zeppelin GmbH und für Ferdinand Graf von Zeppelin einzusetzen. Eckener wurde in Flensburg geboren, seine Eltern waren Johann Christoph Eckener (1824–1880) und Anna Maria Elisabeth (geb. Lange, 1832–1893). Er hatte einen Bruder, Alexander, der Maler und Grafiker wurde. Johann und Onkel Heinrich besaßen eine Tabak- und Zigarrenfirma. Eckener besuchte die St.-Marien-Knabenschule und studierte nach dem Abitur Philosophie an den Universitäten von Berlin und Leipzig. Nach seiner Militärzeit beim 86. Füsilier-Regiment heiratete er 1897 und begann als Journalist zu arbeiten. Die Familie lebte für kurze Zeit in München, aber Eckener gefiel die Großstadt nicht, und so zog man nach Friedrichshafen.

Eckener hatte schon zahlreiche Artikel für die »Frankfurter Zeitung« geschrieben, als er gebeten wurde, sich bei einem pensionierten General namens Graf Zeppelin zu melden und über dessen Projekte zu berichten. Eckener war am 17.10.1900 bei der zweiten Fahrt von LZ 1 entlang des Bodensees dabei. Diese Fahrt dauerte zwar nur acht Minuten, doch es folgte eine dritte eine Woche später.

Die Berichte Eckeners über Graf Zeppelin und die Entwicklung in Friedrichshafen waren für die späteren spontanen Spenden nach dem Absturz von LZ 4 wichtig. Bei der Gründung und Weiterführung der DELAG im Jahre 1910 hat er viel PR-Arbeit geleistet, die zum Erfolg der Passagierfahrten beitrug. Nachdem er vom

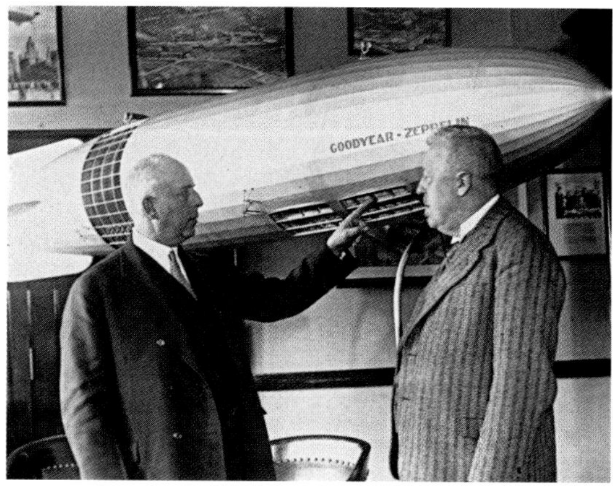

Goodyear Direktor Paul W. Litchfield (links) präsentiert Hugo Eckener seinen Luftschiffentwurf in den USA.

Die militärische Notsituation einer deutschen Einheit unter Leitung von General Lettow-Vorbeck im Schutzgebiet Deutsch-Ostafrika (heute Tansania) führte zum Plan, LZ 102 (L 57) schnell in Jüterbog umzubauen, damit eine lange Fahrt technisch möglich wurde. Das Luftschiff wurde jedoch vorher durch einen Sturm zerstört. Um die Situation zu retten, wurde das in Bau befindliche Luftschiff LZ 104 (L 59) in nur 16 Tagen für diese Fahrt umgebaut und fertiggestellt. Am 3.11.1917 startete das Luftschiff unter dem Kommando von Kapitän Bockholt nach Jamboli in Bulgarien und fuhr am 21.11. weiter zur Stellung des deutschen Generals Lettow-Vorbeck. Kurz vor der Ankunft wurde jedoch eine englische Meldung bekannt, dass die Deutschen sich ergeben hatten, und das Luftschiff kehrte nach Jamboli zurück. Diese Fahrt dauerte 95 Stunden, wobei ohne Zwischenlandung eine Distanz von 6750 km zurückgelegt wurde. Sie bewies die mögliche Nutzung in der Zukunft – den transatlantischen Passagierverkehr.

alten Grafen die Steuerung von Luftschiffen gelernt hatte, bildete er während des Ersten Weltkriegs als Zivilist die militärischen Luftschiffbesatzungen in Dresden und Hamburg sowie später in Nordholz und Ahlhorn aus. 1917 wurde er technischer Berater für die Afrikafahrt von LZ 104 (L 59), und während dieses Projekts erkannte er das zukünftige Potenzial von starren Luftschiffen.

Nach dem Tod von Ferdinand Graf von Zeppelin am 8.3.1917 beteiligte sich Eckener weiterhin an der Entwicklung der Luftschifffahrt. Er war der maßgeblich Verantwortliche für den Einsatz der Zeppeline im interkontinentalen Luftschiff-Passagierdienst nach dem Krieg. Es gelang Eckener, die Werfthallen in Friedrichshafen nach Kriegsende vor der Demontage zu retten, indem man noch ein Luftschiff als Kriegsreparation fertigstellte.
Mit der Lieferung von LZ 126 an die U.S. Navy im Jahre 1924 hatte auch gleichzeitig der Konflikt zwischen Colsman und Eckener seinen Höhepunkt erreicht. Eckener war absolut sicher, dass sein Zeppelin den Atlantik sicher überqueren konnte, obwohl keine Versicherung bereit war, das Risiko zu übernehmen. Eckener überzeugte den Aufsichtsrat, das Wagnis mit einer Wette auf das Unternehmen abzusichern. So musste die Luftschiffbau Zeppelin GmbH eine Hypothek auf ihr gesamtes Vermögen als Sicherheit für die Auslieferung von LZ 126 nach Lakehurst, New Jersey, hinterlegen.
Colsman war ein vorsichtiger Geschäftsmann, der nicht bereit war, ein solch großes Risiko einzugehen. Eckener hatte dagegen die weitere Zukunftsentwicklung beim Bau der Luftschiffe vor Augen und war durch seine starke Persönlichkeit und als erfahrener Pilot bereit, das Wagnis auf sich zu nehmen. Am Ende hat der Erfolg Eckener recht gegeben. Die Atlantiküberquerung von LZ 126 war erfolgreich, und Eckener war auch für den Bau von LZ 127 verantwortlich, dem ersten Luftschiff, das regelmäßige Passagierfahrten über den Atlantik durchführte. Gleichzeitig bedeutete es das Aus für Colsman, als Eckener 1929 mit LZ 127 erfolgreich um die Welt fuhr.

Konfettiparade für Eckener und seine Luftschiffbesatzung in New York nach der Überführungsfahrt von LZ 126 von Friedrichshafen nach Lakehurst.

Mit Ehren überschüttet. Hugo Eckener wird vom U.S.-Präsidenten Roosevelt (sitzend) empfangen.

Luftschiffspezialisten aus den USA und Deutschland beim Fachsimpeln. Sitzend von links: Captain E.S. Jackson, Dr. Hugo Eckener und Charles E. Rosendahl am 12. Mai 1927.

Hugo Eckeners Stern innerhalb der Luftschiffbau Zeppelin GmbH sank jedoch nach der Machtergreifung der Nationalsozialisten schnell. Man entzog ihm alle Verantwortung, und er behielt bis zum Ende des Kriegs nur einen Sitz im Aufsichtsrat der Zahnradfabrik.

Am 17.12.1937, nur wenige Monate nach dem Hindenburg-Unglück, wurde Eckener feierlich die Guggenheim-Medaille überreicht. Während seines Lebens wurde Dr. Eckener mit drei Konfettiparaden in New York geehrt: im Jahre 1924 nach der Überführung von LZ 126, 1928 nach der ersten Landung von LZ 127 und 1929 nach der Weltumrundung. Eckener erhielt zahlreiche Ehrendoktortitel und war Ehrensenator sowie Ehrenbürger seines Geburtsorts Flensburg. Dass er weltbekannt war, hat ihn vermutlich vor weiteren Angriffen durch die Nationalsozialisten geschützt. Bundespräsident Theodor Heuss überreichte Eckener anlässlich seines 84. Geburtstags das Große Verdienstkreuz der Bundesrepublik Deutschland. Die Wiederauferstehung der Zeppelin-Luftschiffe hat Hugo Eckener nicht mehr erlebt. Er starb am 14.8.1954, nur wenige Tage nach seinem 86. Geburtstag.

Knut Eckener

Hugo Eckener hatte nur einen Sohn, Knut Eckener (1902–1968). Geboren in Friedrichshafen, studierte er bis 1925 an der Technischen Universität in München. Er arbeitete für zwei Jahre bei Dornier und danach unter der Leitung von Kapitän von Schiller bei der Firma »Severva« in Kiel.

Knut Eckener wurde wegen seiner Tapferkeit während der ersten Atlantiküberquerung von LZ 127 bekannt, bei der er in einer dramatischen Aktion das Luftschiff rettete. Während der Fahrt war ein Teil der Tuchbespannung an der Backbordseite gerissen. Es entstand eine Notsituation: Wenn der wild flatternde Stoff die Höhen- oder Seitenruder beschädigt hätte,

wäre das Luftschiff unkontrollierbar gewesen. Während eines schweren Sturms – es regnete in Strömen – begab sich Knut Eckener mit drei Freiwilligen (Hans Ladwig, Albert Sammt und Ludwig Knorr) ins Heck, um den Schaden zu begutachten.
Vater Hugo Eckener drosselte das Tempo, während sein Sohn und die Freiwilligen auf die Flosse kletterten und sie notdürftig mit Decken und Schnüren reparierten. Die Aktion dauerte drei Stunden, doch wegen der verlangsamten Fahrt wurde das Luftschiff durch das Regenwasser immer schwerer. In knapp 100 m Höhe war Hugo Eckener gezwungen, die Motoren wieder anzuwerfen. Die Reparatur war zwar notdürftig, aber effektiv. Nach 111 Stunden erreichte LZ 127 die Stadt New York und die Naval Airship Station in Lakehurst, New Jersey.

F. W. Willy von Meister

F. W. Willy von Meister (1903–1978) wurde in Bad Homburg geboren, und da seine Mutter im Haushalt der preußischen Prinzessin Victoria arbeitete, wurde Kaiser Wilhelm II. sein Patenonkel. Er studierte an der Technischen Universität Darmstadt Ingenieurwissenschaften und graduierte 1924. Ein Besuch bei seinem Onkel Walter vom Rath, dem Leiter der Hoechster Farbwerke, inspirierte ihn, nach New York auszuwandern. Vor Antritt der Reise kam er in Kontakt mit dem Luftschiffbau Zeppelin und der Firma Maybach. Er eröffnete in New York City eine Vertretung der teuren Maybach-Automobile und übernahm gleichzeitig die Wartungs- und Reparaturarbeiten der Motoren von LZ 126 in Lakehurst.
1928 wurde Willy von Meister von Hugo Eckener zum Vertreter des Zeppelin Luftschiffbaus in den USA ernannt. Er leitete das New Yorker Büro, wo er die Fahrpläne der Zeppeline organisierte, postalische Fragen klärte und Verhandlungen vor Ort durchführte. Später wurde er Vizepräsident der »American Zeppelin Transport Inc.« und war bei Hugo Eckeners Bemühungen behilflich, in den USA den Zeppelin populär zu machen.

Wilhelm Maybach

Wilhelm Maybach (9.2.1846–29.12.1929) war das zweite von fünf Kindern der Eheleute Carl und Luise Maybach. Nach dem Tod seiner Mutter im Jahre 1854 kam er im Alter von zehn Jahren in ein Waisenhaus. Sein Vater starb 1856, zwei Jahre später. Er lernte den Beruf des technischen Zeichners in einer Maschinenfabrik, die sich neben dem Waisenhaus befand. Der Betrieb gehörte Gottlieb Daimler. Nach acht Jahren verließ er die Firma als Direktor.
1869 folgte Maybach Gottlieb Daimler zur Maschinenbau-Gesellschaft Karlsruhe, und drei Jahre später gingen beide zur Gasmotorenfabrik Deutz AG nach Köln. Maybach entwickelte den Ottomotor, einen Entwurf von Nikolaus Otto, so weiter, dass eine Serienproduktion möglich wurde.
Nach dem Tod von Gottlieb Daimler baute Graf Zeppelin um die Jahrhundertwende seine erste Halle und sein erstes Luftschiff, und Maybach und Zeppelin lernten sich kennen. Wilhelm Maybach wurde beauftragt, das Triebwerksproblem zu lösen.
LZ 1 war mit zwei Daimler-Motoren ausgestattet, die jeweils 16 PS leisteten. Aufgrund verschiedener Konflikte trat Maybach im Jahre 1907 aus der Firma Daimler aus und begann zusammen mit seinem Sohn Karl, intensiv an der Entwicklung und dem Bau von Luftschiffmotoren zu arbeiten. Graf Zeppelin und Wilhelm Maybach gründeten am 23.3.1909 zusammen die Luftfahrzeug-Motorenbau GmbH in

Alfred Graf von Soden-Fraunhofen (1875–1944). Direktor der Testabteilung beim Zeppelin-Luftschiffbau.

Bissingen. Karl Maybach wurde Direktor, und sein Vater Wilhelm blieb technischer Berater. Die Technische Universität Stuttgart verlieh Wilhelm Maybach im Jahre 1916 einen Ehrendoktortitel, und 1922 überreichte der Verein Deutscher Ingenieure (VDI) ihm die Grashof-Medaille.

Karl Wilhelm Maybach

Seinen großen Erfahrungsschatz gab Wilhelm Maybach an seinen Sohn Karl Wilhelm Maybach (6.7.1879–6.2.1960) weiter. Zwischen 1897 und 1903 studierte dieser Maschinenbau in Stuttgart sowie an den Universitäten in Lausanne und Oxford. 1903 begann auch er bei der Daimler-Motoren AG zu arbeiten. 1906 entwickelte er einen Sechszylindermotor für Lastwagen, und drei Jahre später begann er an einem Luftschiffmotor zu arbeiten.
Die ersten Maybach-Motoren mit je 145 PS wurden in LZ 10 »Schwaben« eingebaut. Danach wurden alle Zeppelin-Luftschiffe bis auf LZ 129 »Hindenburg« und LZ 130 »Graf Zeppelin II«, die Mercedes-Benz-Dieselmotoren mit 1200 beziehungsweise 1800 PS erhielten, mit Maybach-Motoren ausgestattet.
Nach dem Zweiten Weltkrieg entwickelte Karl Maybach zwischen den Jahren 1947 und 1951 einen 1000 PS-Motor für die französische Regierung. 1952 zog er sich aus der Firma Luftfahrzeug-Motorenbau GmbH zurück. Kurz vor seinem Tod wurde er im Jahre 1959 von der Technischen Universität Stuttgart zum Professor ehrenhalber ernannt.

Alfred Graf von Soden-Fraunhofen

Dipl.-Ing. Alfred Graf von Soden-Fraunhofen (21.11.1875–14.6.1944) studierte an der Technischen Universität München Ingenieurwissenschaften und arbeitete anschließend bei den Daimler-Motorenwerken. Mit Kollegen entwickelte er einen Dieselmotor, der später von der Maschinenfabrik Augsburg-Nürnberg (MAN) gebaut wurde. Graf Zeppelin bewog von Soden-Fraunhofen, ab 1910 als Direktor des Testlabors der Luftschiffbau Zeppelin GmbH zu arbeiten. Er entwickelte viele Verbesserungen an den Transmissionen und am Getriebe. Auch stellte von Soden-Fraunhofen 1912 die Ursache für den Verlust von LZ 10 »Schwaben« fest. Das Problem war die elektrostatische Aufladung des Gummis, das für den Gaszellenbau verwendet wurde. Danach wurde anstelle von Gummi Goldschlägerhaut für die Gaszellen eingesetzt.
Am 1.8.1914 trat von Soden-Fraunhofen in den militärischen Dienst ein und diente bis zum Oktober 1915 beim 2. Bataillon des 1. Königlich Bayerischen Fußartillerie-Regiments. Danach kehrte er nach Friedrichshafen zurück.
Zusammen mit Max Maag (1883–1960), der 1913 die Max Maag Zahnradfabrik gegründet hatte, entwickelte er eine verbesserte Methode zur Herstellung von Getrieben und Zahnrädern. 1915 kaufte Graf Zeppelin die Patentrechte hierfür sowie notwendige Werkzeuge und gründete die Zahnradfabrik GmbH, deren Geschäftsführer Graf Soden-Fraunhofen zusammen mit Theodor Winz wurde. Von Soden-Fraunhofen leitete fast 30 Jahre lang die Zahnradfabrik und erhielt zahlreiche Ehrungen, u. a. den Ehrendoktor der Technischen Universität Stuttgart und den Titel des Ehrensenators der Technischen Hochschule (später Universität) Darmstadt.

Carl Berg

Carl Berg (4.2.1851–26.5.1906) zählte zu den engsten Vertrauten von Graf Zeppelin und steuerte viele wichtige Ideen bei, ohne bei ihm

angestellt zu sein. Nach dem Tod seines Vaters im Jahre 1878 übernahm er den väterlichen Betrieb, eine Firma, die den ersten Doppelbronzedraht für Telegrafen- und Telefonleitungen der Post herstellte. Danach gründete er eine Firma zur Aluminiumherstellung in Lüdenscheid, seiner Geburtsstadt.
Aluminium spielte eine Schlüsselrolle, um das motorisierte Luftschiff nach dem Leichter-als-Luft-Prinzip überhaupt zu ermöglichen. Während des 19. Jahrhunderts war Aluminium noch schwer herzustellen und sehr teuer. Im Jahr 1885 lag der Preis bei etwa 1000,- Mark, aber drei Jahre später kam es zu einem Preisverfall auf 20,- Mark. Aluminium kostete allerdings nur noch 4,- Mark, als Graf Zeppelin mit seinen Plänen für den Luftschiffbau begann.
Carl Berg suchte neue Absatzmärkte für sein Produkt, und die neue Technologie der Luftschifffahrt bot diese Nutzungsmöglichkeiten. Kurz vor seinem Tod im Jahre 1906 zeigte auch die Flugzeugindustrie Interesse an Aluminium als Baumaterial.

Paul Jaray

Paul Jaray (11.3.1889–22.9.1974) war das fünfte Kind einer jüdischen Kaufmannsfamilie aus Wien. Trotz guter Ausbildung und hoher Intelligenz erreichte er keinen akademischen Grad. Er besuchte die Ingenieurschule in Wien bis 1909 und wurde anschließend Assistent bei Prof. Dr. Rudolf Dörfl an der Technischen Universität in Prag.
Er führte seine Arbeit an einem Patent für ein Flugzeug mit selbsttragenden Flügeln nicht weiter, wurde aber 1912 Chefkonstrukteur der Flugzeugbau Friedrichshafen GmbH. Graf Soden-Fraunhofen schlug ihn für die Luftschiffbau Zeppelin GmbH vor, von der er 1914 auch eingestellt wurde.
Jarays aerodynamische Kenntnisse wurden bei der Gestaltung der Zeppelinform ab LZ 38 umgesetzt und bis LZ 126 fortgeführt. Während dieser Zeit wurde der Jaray-Propeller entwickelt, der bei mehreren Zeppelintypen eingesetzt wurde. Jaray war außerdem für den ersten ganz aus Metall hergestellten Doppeldecker verantwortlich, den Zeppelin C-II. Der Prototyp wurde in nur zwei Monaten fertiggestellt. Allem Anschein nach wurden insgesamt 20 Flugzeuge vor Kriegsende gebaut, heimlich in die Schweiz transportiert und dort von der Armee eingesetzt.
Schon 1917 nutzte Jaray den Zeppelin-Windkanal in Friedrichshafen für den Entwurf eines Automobils. Ein Patent erlangte er 1921 für den ungewöhnlichen Entwurf eines Fahrrads, das keinen Kettenantrieb benötigte. Etwa 2000 Stück dieses »J-Rads« wurden von der Firma Hesperus in Stuttgart gebaut.
Jaray entwarf 1931 ein aerodynamisches Automobil, den Tatra Typ 57, der in vielerlei Hinsicht dem späteren VW-Käfer ähnelte. Der tschechische Automobilhersteller Skoda stellte im folgenden Jahr mit dem Modell 932 einen Prototyp des Tatra Typ 57 vor. Skoda erkannte die wirtschaftlichen Vorteile dieses Autos jedoch nicht, und es ging nicht in Produktion.
Weiterhin entwickelte Jaray einen Radioempfänger weiter, der später in Lizenz von der Firma Alaphon in der Schweiz gebaut wurde. 1941 wurde er technischer Direktor von Farner Flugzeugbau in Solothurn. Danach zog er 1950 nach St. Gallen, wo er bis zu seinem Tod im Jahre 1974 wohnte.
Obwohl Paul Jaray nie im Zusammenhang mit den anderen führenden Mitarbeitern der Zeppelin-Firmen genannt wurde, war er doch an ihrem Erfolg maßgeblich beteiligt.

Dr. Hugo E. Hergesell (1859–1938). Er lieferte die Wetterdaten zu den geplanten Luftschifffahrten.

Major Oskar Wilcke (1871–1942). Persönlicher Referent des Grafen Zeppelin.

Weitere Persönlichkeiten

Zu Graf Zeppelins Kreis gehörten noch weitere Persönlichkeiten, die seltener erwähnt werden, etwa Geheimrat **Dr. Hugo Emil Hergesell** (29.5.1859–6.6.1938), der zwischen 1914 und 1932 Direktor des Meteorologischen Observatoriums Lindenberg war. 1908 gründete er eine meteorologische Drachenstation in Friedrichshafen, und man kann davon ausgehen, dass er die Wetterinformationen für die Luftschiffe zur Verfügung stellte.

1910 begleitete Hergesell Graf Zeppelin auf einer Schiffsreise nach Spitzbergen, um die Möglichkeiten einer Nordpolfahrt mit dem Zeppelin zu erkunden. Diese Fahrt wurde jedoch erst 20 Jahre später technisch möglich und von LZ 127 durchgeführt. Hergesells meteorologische Kenntnisse waren hilfreich, um die frühen Zeppeline sicher zu steuern.

Major Oskar Wilcke (8.4.1871–18.9.1942) war langjähriger persönlicher Referent und Begleiter von Graf Zeppelin und wurde später Direktor beim Luftschiffbau.

Ernst Uhland war kaufmännischer Leiter während der Gründung der Gesellschaft zur Förderung der Luftschifffahrt am 28.6.1898, die das notwendige Kapital für den Bau von LZ 1 besorgte. Er war langjähriger Generalbevollmächtigter von Graf Zeppelin.

Kapitäne

Was ist ein Luftschiff ohne einen Kapitän? So kommen wir zu einer anderen Gruppe von Männern, die in der Erfolgsgeschichte der Zeppeline eine wichtige Rolle gespielt haben.

Georg Hacker

Während der Anfangszeit war es besonders Georg Hacker, der Pionierarbeit leistete. Er wurde am 18.1.1870 in Münchberg (Oberfranken) geboren, und sein Vater war Leiter einer bayerischen Gendarmerieeinheit an der Grenze zu Sachsen. Die Familie lebte lange in Hof, Bayern. Sein Vater verhalf Georg Hacker im Alter von 15 Jahren zu einer Stelle als Schiffsjunge bei der deutschen Marine. Er arbeitete sich zum Rang eines Deckoffiziers hoch und wurde später Steuermann an Bord des Dampfers »National«.

Am 18.8.1907 erfuhr Hacker, dass Graf Zeppelin einen Steuermann für sein Luftschiff suchte. Nachdem er sich beworben hatte, traf er am 7.9. Graf Zeppelin und wurde eingestellt. Hacker steuerte nicht nur das erste Luftschiff, sondern konnte am 17.8.1911 mit LZ 10 »Schwaben« von Baden-Oos nach Friedrichshafen seine 200. Fahrt durchführen.

Hacker wird wegen der zahlreichen Postkarten, Briefe und Dokumente in Erinnerung bleiben, die er an Bord von LZ 6 geschrieben und mitgenommen hat. Sie erhielten den Sonderpoststempel »Z III – Luftschiff Signalpost«, der zwischen dem 27.8. und 27.10.1909 auf insgesamt 24 Fahrten verwendet wurde, und sie bildeten den Auftakt der deutschen Zeppelinpost. Hacker war auch an Bord von LZ 60 (militärische Heeresbezeichnung LZ 90) auf einer Fahrt vom 8. bis zum 11.3.1916. Am 24.9.1917 erhielt er in Berlin das Bayerische Militärverdienstkreuz Erster Klasse. Hacker starb 1947.

Peter Strasser

Während des Ersten Weltkriegs machten folgende Kapitäne Karriere: Korvettenkapitän Victor Schütze, Kapitänleutnant D. R. Blies und Horst Freiherr Treusch von Buttlar-Brandenfels. Ein weiterer Name, der sich heraushebt,

war der von Korvettenkapitän Peter Strasser (1.4.1876– 5.8.1918).
Strasser wurde in Hannover geboren, erhielt von 1911 bis 1913 eine Ausbildung bei der Kaiserlichen Marine und wurde Korvettenkapitän. 14 Tage nach dem Tod von Korvettenkapitän Metzing übernahm Strasser 1913 das Kommando der Marine-Luftschiffer-Abteilung. Metzing starb während einer Fahrt auf LZ 14 (Marineluftschiff L 1) am 9.9.1913 in der Nähe von Helgoland. Das Schiff geriet in einen schweren Sturm, und nur vier Besatzungsmitglieder konnten gerettet werden. Seine Ausbildung erhielt Strasser durch Hugo Eckener auf den älteren DELAG-Passagierluftschiffen.
1914 legte Strasser seine Prüfung als Luftschiffführer auf LZ 17 »Sachsen« bei Ferdinand Graf von Zeppelin ab. So entstand eine Freundschaft zwischen Strasser, Eckener und Graf Zeppelin. Strasser war eine Führungspersönlichkeit und ein fähiger Offizier, der nicht nur die Chancen der Luftschifffahrt erkannte, sondern auch ihre militärischen Möglichkeiten sah. In kürzester Zeit baute er eine Reihe von Standorten auf, zahlreiche Luftschiffe wurden bestellt und für Kriegszwecke eingesetzt. Schon Ende 1914 verfügte die Marine über acht Zeppeline, ein älteres Schulluftschiff, ein Parseval- und ein halbstarres M-IV-Luftschiff.
Am 30.8.1917 wurde Strasser für seine militärischen Verdienste mit dem Orden »Pour le Mérite« ausgezeichnet.
Am 5.8.1918 startete Strasser an Bord von LZ 112 (L 70) gemeinsam mit vier anderen Luftschiffen, LZ 100 (L 53), LZ 103 (L 56), LZ 110 (L 63) und LZ 111 (L 65), von Nordholz aus einen Angriff gegen England. Bei Wells-next-the-Sea an der Küste von Norfolk wurde LZ 112 (L 70) von einem englischen Flieger abgeschossen. Der Zeppelin stürzte brennend ins Meer. Keines der Besatzungsmitglieder überlebte den Absturz. Wenige Monate später war der Erste Weltkrieg zu Ende, und somit kam auch das Aus für die Marine-Luftschiffer-Abteilung und die militärischen Einsätze der Zeppeline.

Horst Julius Freiherr Treusch von Buttlar-Brandenfels

Kapitänleutnant Horst Julius Freiherr Treusch von Buttlar-Brandenfels (15.6.1885–3.9.1962) zählte zu einer kleinen Gruppe von fähigen Luftschiffkapitänen, die während des Ersten Weltkriegs zum Erfolg der Zeppeline beitrugen. Buttlar-Brandenfels hat zahlreiche Angriffsfahrten gegen England auf verschiedenen Luftschiffen durchgeführt: LZ 31 (L 6), LZ 41 (L 11), LZ 62 (L 30), LZ 80 (L 35), LZ 99 (L 54) und LZ 114 (L 72).

Fregattenkapitän Peter Strasser (1876–1918). Der Führer der Luftschiffe der Kaiserlichen Marine wurde an Bord von LZ 112 im August 1918 abgeschossen.

Graf Zeppelin mit seiner typischen, weißen »Yachtclub-Mütze« und Hugo Eckener (rechts) in der Führergondel von LZ 10 »Schwaben«.

Kapitänleutnant von Buttlar-Brandenfels (1885–1962) und seine Besatzung. Mit seinem Marineluftschiff LZ 99 (L 54) fuhr er Geschwaderangriffe gegen England, für die er den Pour le Mérite erhielt. Als zweiter Luftschiffer neben F.d.L. Peter Strasser.

Victor Gaissert

Hauptmann Victor Gaissert (5.1.1879–21.3.1945) hat zahlreiche Luftschiffe des deutschen Heeres kommandiert: LZ 21 (Z VI), LZ 22 (Z VII), LZ 29 (Z X), LZ 30 (Z XI), LZ 49 (LZ-79), LZ 60 (LZ-90) und LZ 71 (LZ-101). LZ 71 hat allein elf Angriffsfahrten auf Rumänien, Russland und Griechenland unternommen. Gaissert blieb bis 1931 beim Heeresdienst, ging als Generalmajor in Pension, wurde im August 1939 reaktiviert und quittierte im Januar 1943 als Generalleutnant seinen Dienst.

Alfred Horn

Hauptmann Alfred Horn kommandierte zahlreiche Heeresluftschiffe: LZ 15 (Er Z I), LZ 9 (Er Z II), LZ 19 (Er Z I), LZ 25 (Z IX), LZ 29 (Z X), LZ 39 und LZ 47 (LZ-77). Er bewies großes fliegerisches Können.

Heinrich Mathy

Kapitän Heinrich Mathy (4.4.1883–2.10.1916) diente drei Jahre bei der Kaiserlichen Marine als Kapitän von Zerstörern, bevor er zur Marine-Luftschiffer-Abteilung kam. Seine erste Fahrt erfolgte am 8.7.1913 auf LZ 14 (L 1). Er wurde bekannt durch einen Angriff auf London an Bord von LZ 45 (L 13). Mathy blieb lange Zeit Kapitän an Bord von L 13 und unternahm mit diesem Luftschiff insgesamt 67 Fahrten. Er war ein kühner Kapitän und ein Genie bei der Navigation der Luftschiffe. Er wurde auf LZ 72 (L 31) versetzt und starb am 1./2.10.1916 auf seiner 174. Fahrt bei einem Angriff auf London, als das Schiff abgeschossen wurde und brennend zu Boden ging.

Erich Sommerfeldt

Kapitänleutnant Erich Sommerfeldt war Kommandant zahlreicher Luftschiffe: LZ 31 (L 6), LZ 32 (L 7), LZ 50 (L 16), LZ 58 (L 25) und LZ 88 (L 40). Während des großen Luftschiffangriffs vom 2. bis zum 3.9.1916 war er Kommandant von LZ 50 (L 16). Es war seine 87. Fahrt, und LZ 50 war eines der 16 deutschen Luftschiffe, die an diesem Abend England bombardieren sollten. Sommerfeldt und seine Mannschaft waren Zeuge, als SL-11 mit Kapitän Wilhelm Schramm als Kommandant durch den englischen Piloten Leutnant William Leefe Robinson angegriffen wurde. SL-11 fing Feuer und stürzte aus 3000 m Höhe ab. Die gesamte Mannschaft kam ums Leben, da niemand auf einen Fallschirm vertraut hatte.

Ernst A. Lehmann

Kapitän Ernst A. Lehmann (12.3.1886–7.5.1937) studierte an der Technischen Hochschule Berlin-Charlottenburg Schiffs- und Maschinenbau und kam zur Kaiserlichen Werft in Kiel, wo ihn Eckener 1913 als Luftschiffführer ausbildete. Er kommandierte während des Kriegs zahlreiche Heeresluftschiffe, zum Beispiel LZ 17 »Sachsen«, LZ 26 (Z XII), LZ 60 (LZ-90), LZ 68 (LZ-98),

LZ 90 (LZ-120). 1918 ging Lehmann als Prokurist zur Luftschiffbau Zeppelin GmbH, und nach der Gründung der »Goodyear-Zeppelin Corporation« wurde er dort Vizepräsident.
Lehmann gehörte zur Besatzung der ersten Atlantiküberquerung von LZ 126 vom 12. bis zum 15.10.1924. Er wurde Kommandant von LZ 127 »Graf Zeppelin« und kommandierte LZ 129 »Hindenburg« am 7.5.1937 bei der Atlantiküberquerung bis zum Unglücksort Lakehurst, wo das Luftschiff explodierte. Er starb im Alter von 51 Jahren an den Folgen seiner schweren Brandverletzungen.
Kein anderer Kommandant konnte so viele Fahrten auf einem Zeppelin nachweisen wie Kapitän Lehmann: »Viktoria Luise«, 20 Fahrten; LZ 17 »Sachsen«, 550 Fahrten; LZ 26, 127 Fahrten; LZ 60, 20 Fahrten; LZ 68, 50 Fahrten; LZ 90, 28 Fahrten; LZ 120 »Bodensee«, 3 Fahrten; LZ 126 (ZR III), 5 Fahrten; LZ 127, 272 Fahrten; LZ 129, 30 Fahrten. Insgesamt waren es 1105 Fahrten, bei denen er an Bord war.

Hans Kurt Flemming

Kapitänleutnant Hans Kurt Flemming (30.11. 1886–25.2.1935) wurde in Stettin geboren und ging 1907 zur Kaiserlichen Marine. 1916 versetzte man ihn zur Marine-Luftschiffer-Abteilung, wo er zum Kommandanten ausgebildet wurde. Er wurde Kapitän von LZ 45 (L 13), LZ 101 (L 55), LZ 108 (L 60) und SL 22. Flemming stellte einen Höhenweltrekord für Zeppeline von 7500 m im Oktober 1917 mit LZ 101 (L 55) auf.
Zusammen mit Lehmann blieb er nach der Atlantiküberquerung von LZ 126 (ZR III) für vier Monate in den USA, um die Amerikaner mit dem Luftschiff vertraut zu machen. Als Kapitän von LZ 127 war er bei zahlreichen Fahrten dabei. Kapitänleutnant Flemming war ein erfahrener, umsichtiger Luftschiffer. Er starb unerwartet am 25.2.1935 in Friedrichshafen.

Hans von Schiller

Kapitän Hans von Schiller (17.3.1891–6.12.1976) wurde in Buckhagen in der Nähe von Kappeln in Schleswig geboren. Am 26.10.1914 trafen sich Ferdinand Graf von Zeppelin und Hans von Schiller zum ersten Mal, und durch die Unterstützung von Hugo Eckener kam von Schiller zu einer Stelle an Bord von LZ 27 (L 4). Er war der erste Student der Marine-Luftschiffer-Ausbildungsschule in Leipzig, unternahm insgesamt 17 Lehrfahrten und wurde dann später als Ausbilder eingesetzt.
Er diente auf SL-13, LZ 32 (L 7), LZ 36 (L 9), LZ 40 (L 10), LZ 46 (L 14), LZ 74 (L 32), LZ 86 (L 39) und LZ 79 (L 41).
Am 28.10.1918 wurde von Schiller Kapitän von LZ 106 (L 61), musste aber wegen des Kriegsendes nicht mehr an die Front. Sein ziviles Luftschifferpatent erwarb er am 30.11.1918. Bei der Überführung von LZ 126 (ZR III) über den Atlantik diente er als Navigationsoffizier. Nach einer Beurlaubung zum Severa-Flugzeugunternehmen in Kiel-Holtenau kam er 1928 nach Friedrichshafen zurück. Er blieb bis zum Dezember 1928 Navigationsoffizier, wurde zum Wachoffizier befördert und 1935 Kommandant von LZ 127 »Graf Zeppelin«.
Von Schiller unternahm mehr als 840 Fahrten und legte über 1,6 Millionen Kilometer im Luftschiff zurück. Seine wunderbaren Fotos, die er während dieser Fahrten machte, hat er in seinem Buch »Im Zeppelin über der Schweiz« (1930) veröffentlicht. In der Nachkriegszeit hat von Schiller sich für einen Neuanfang des Zeppelinbaus eingesetzt.

Ernst A. Lehmann (1886–1937). Einer der erfahrensten Luftschiffführer und letzter Kommandant des LZ 129 »Hindenburg«.

Albert Sammt (1889–1982). Er war auch zuständig für das Einfliegen der Riesenflugzeuge (R-Flugzeuge) in Berlin-Staaken.

Max Pruss

Kapitän Max Pruss (29.9.1891–28.11.1960) wurde in Sgonn, Ostpreußen, geboren und wurde 1907 Schiffsjunge der Kaiserlichen Marine auf dem Segelschulschiff »Charlotte«.

1913 meldete er sich freiwillig zur Marine-Luftschiffer-Abteilung, wo er auf zahlreichen Luftschiffen diente: PL 6, LZ 28 (L 5), LZ 31 (L 6), LZ 41 (L 11), LZ 58 (L 25), LZ 62 (L 30), LZ 99 (L 54) und LZ 114 (L 72). Nach dem Ersten Weltkrieg wurde er Kommandant der Marineschule in Kiel, was er bis zu seinem Austritt im Jahre 1922 blieb.

Seine Laufbahn setzte er beim Luftschiffbau Zeppelin fort. Bei der Überführung von LZ 126 (ZR III) war Max Pruss als Höhensteuermann an Bord. Auch er blieb wie die anderen Kommandanten in den USA, um die amerikanische Besatzung auszubilden. Während der Zeppelin-Eckener-Spendenaktion hielt er Vorträge in ganz Deutschland und der Schweiz.

Nachdem Pruss jahrelang Navigationsoffizier auf LZ 127 war, wurde er später Kapitän der LZ 129 »Hindenburg«. Beim Lakehurst-Unglück im Mai 1937 erlitt er schwere Verbrennungen und lag monatelang im Krankenhaus. Trotzdem war sein Glaube an das Zeppelin-Luftschiff ungebrochen, besonders nachdem er im August 1939 als Gast auf LZ 130 »Graf Zeppelin II« geflogen war.

Nach dem Unglück von Lakehurst arbeitete Pruss bis zu seiner Pensionierung als Prokurist bei der Deutschen Zeppelin-Reederei. Er hat den Ozean mehr als 160-mal überquert und hat dabei fast 2 000 000 km im Luftschiff zurückgelegt.

Bis zu seinem Tod am 28.11.1960 setzte er sich für einen Neubeginn der Zeppelin-Luftschiffe ein.

Anton Wittemann

Kapitän Anton Wittemann (12.5.1887–22.12.1971) wurde in Mittelsheim, Kreis Thann (Elsass), geboren. Wie seine Kollegen fuhr auch er zuerst auf verschiedenen Segelschiffen zur See, sowohl auf den englischen Schiffen »Riverside« und »Howd« als auch auf den deutschen »Hansa« und »Preußen«. Zwischen 1908 und 1909 besuchte er die Seefahrtsschule in Hamburg und absolvierte seinen Militärdienst in den Jahren 1909 und 1910.

Am 15.5.1910 nahm er eine Stelle bei der DELAG an und diente an Bord von LZ 6 »Deutschland«, LZ 8 »Deutschland II«, LZ 11 »Viktoria Luise«, LZ 13 »Hansa« und LZ 17 »Sachsen«. Während des Kriegs blieb er in Friedrichshafen und nahm an den Probe- und Abnahmefahrten sowie den Überführungsfahrten von Friedrichshafen zu verschiedenen militärischen Standorten entlang der Nordseeküste teil. 1919 diente er an Bord von LZ 120 »Bodensee«.

Auch Wittemann war bei der Zeppelin-Eckener-Spende sehr aktiv und reiste durch Deutschland, um Vorträge zu halten und Geld zu sammeln. Er diente als Wachoffizier an Bord von LZ 126 (ZR III) und blieb vier Monate lang in den USA. Als Wachoffizier und später als Kommandant unternahm Wittemann 361 Fahrten mit LZ 127. Später kam er zum Dienst an Bord der »Hindenburg« und überlebte die Katastrophe von Lakehurst unverletzt. Danach wurde er an Bord des Nachfolgers LZ 130 »Graf Zeppelin II« versetzt.

Albert Sammt

Albert Sammt (24.4.1889–25.6.1982) wurde in Niederstetten geboren. Seine berufliche Laufbahn begann im Februar 1912 bei der DELAG in Frankfurt. Er diente auf dem Passagierluftschiff LZ 11 »Viktoria Luise« und war am Bau

Besatzung des Marine-luftschiffes LZ 91 (L 42) unter dem Kommando von Kapitänleutnant Martin in Nordholz im Jahre 1917.

von LZ 26 (Z XII) beteiligt, dem einzigen in Frankfurt gebauten Luftschiff. Danach wurde Sammt nach Potsdam versetzt, um beim Luftschiffbau zu arbeiten.
Als die Produktion nach Staaken verlegt wurde, ging Sammt mit und wurde dort nach Kriegsende von der Flugzeugwerft übernommen. Dort hat er bei allen Probe- und Abnahmeflügen der R-Flugzeuge teilgenommen.
Wie viele seiner Kollegen diente er auf LZ 120 »Bodensee« und LZ 126 (ZR III). Bis zur Fertigstellung von LZ 127 blieb Sammt in der Verwaltung von Staaken beschäftigt. Er war bei fast allen Fahrten von LZ 127 als Höhensteuermann, Navigator oder Wachoffizier an Bord und kam danach zu LZ 129 »Hindenburg«. Auch er überstand die Katastrophe von Lakehurst unverletzt. Albert Sammt war bei etwa 700 Zeppelin-Fahrten dabei und legte dabei etwa 2,5 Millionen Kilometer zurück. Er war einer der letzten Luftschiff-Kapitäne und erhielt sein Patent, als er LZ 130 übernahm. Auch er hoffte auf eine Wiederbelebung der Zeppeline nach dem Krieg.

Ballone, Luftschiff und Aeroplan über dem Ausstellungsplatz und der Festhalle der Internationalen Luftschiffahrt-Ausstellung (ILA) in Frankfurt a. M. von Juli bis Oktober 1909.

Luftschiffbau nach Echterdingen

Die Ankunft des Zeppelins wurde 1909 zum absoluten Höhepunkt der ILA (Internationale Luftschiffahrt-Ausstellung) auf dem neuen Rebstock-Messegelände in Frankfurt am Main. Am Samstag, dem 31. Juli, traf LZ 5 (Z II) aus Friedrichshafen in Frankfurt ein. An Bord waren Ferdinand Graf von Zeppelin, Oberingenieur Ludwig Dürr, Ingenieur Stahl, die Luftschiffkapitäne Bernhard Lau und Haekel, zwei Monteure und ein Reservemonteur sowie als Gäste Hauptmann George und Direktor Alfred Colsman. Das 81. Regiment aus Frankfurt diente mit etwa 250 Soldaten als Landemannschaft, um das große Luftschiff sicher zu Boden zu bringen.

LZ 5 blieb bis zur Abfahrt nach Köln am Montagmorgen um 9 Uhr auf der ILA. Ein zweiter Besuch eines Zeppelin-Luftschiffs fand am Sonntag, dem 11.9., statt. LZ 6 (Z III) kam um 17 Uhr nachmittags und blieb bis zum Freitag. Täglich haben bis zu 20 Passagiere an Vergnügungsfahrten teilgenommen.

Am 19.9.1909 hob LZ 6 ab und verließ die ILA für eine 11,5 Stunden dauernde Fahrt nach Düsseldorf. An Bord waren Rudolf Berg und Alfred Kitmann als Passagiere. Während dieser Fahrt schrieben sie eine ILA-Postkarte an Frau von Ehrst in Hennef am Rhein. Diese Karte ist insofern bemerkenswert, als dass sie über Mehlen abgeworfen, vom Finder zur Post gebracht,

dort abgestempelt und an Frau von Ehrst befördert wurde. Solche an Bord geschriebene Abwurfpost war sehr beliebt, und im Lauf der Zeit wurde die Zeppelinpost eine Haupteinnahmequelle der Firma.
Die Ankunft der Zeppelin-Luftschiffe bedeutete nicht nur die Teilnahme an der ersten und mit 1,6 Millionen Besuchern größten Flugschau, die je in Deutschland stattfand, sondern sie stellte – wie man heute sagen würde – ein großes »Happening« dar. Graf Zeppelin war bei der Bevölkerung sehr beliebt, und so war die Zuschauerzahl an den Tagen, an denen er zu Besuch war, fünfmal größer als gewöhnlich.
Ferdinand Graf von Zeppelin nutzte jede Gelegenheit, Werbung mit Prominenten für sein Luftschiff zu machen: König Wilhelm II. und Königin Charlotte von Württemberg waren am 3.7.1908 an Bord von LZ 4. Graf Zeppelin brachte LZ 6 nach Berlin-Tegel, wo er am 29.8.1909 von Kaiser Wilhelm II. begrüßt wurde. Zurück am Bodensee gab es am 4.9.1909 für zahlreiche Mitglieder des Deutschen Reichstags eine Zeppelinfahrt. Sachsens König erlebte am 9.9.1909 eine Fahrt mit LZ 5, und wenige Tage später waren am 15.9. der Herzog von Coburg-Gotha sowie Prinz August Wilhelm und Prinzessin Alexandra von Preußen an Bord.
Als die DELAG ab 1910 regelmäßiger Passagierfahrten durchführte, wurden oft Vertreter des Militärs oder von Behörden eingeladen. Diese Fahrten sollten die Teilnehmer von der Leistung und den Möglichkeiten des Zeppelins überzeugen.

Fotografische Realität der Zeit. Luftschiffe über dem ILA-Gelände in Frankfurt a. M. im Sommer 1909.

Luftschiffbau Zeppelin GmbH

Nach der Katastrophe mit LZ 4 und dem folgenden »Wunder von Echterdingen« war es Graf Zeppelin durch die neuen finanziellen Polster möglich, am 8.9.1908 die Luftschiffbau Zeppelin GmbH in Friedrichshafen zu gründen. Diese Gesellschaft war für die Entwicklung und den Bau aller zukünftigen starren, aus Aluminium hergestellten Luftschiffe verantwortlich. Graf Zeppelin ließ seine erste Luftschiffhalle im Wasser auf dem Bodensee bei Manzell bauen, trotz des Angebots einer kostenlosen Hallennutzung im Raum Mannheim. Er war aber entschlossen, in Baden-Württemberg zu bleiben.
Mit Alfred Colsman als Direktor der neuen Gesellschaft überzeugte er die Stadt Friedrichshafen, das Gelände am Riedlepark für die neue Firma pachten zu können. Hier sollte die neue große Luftschiffhalle mit Werkstätten für den Bau zukünftiger Zeppeline stehen. Die Miete betrug zwei Prozent vom Wert des Geländes pro Jahr, aber schon 1915 konnte die Gesellschaft das Gelände kaufen.
Bevor man mit dem Bau einer großen Doppelhalle beginnen konnte, mussten viele technische Probleme gelöst werden, und deshalb wurde 1909 zunächst eine provisorische Zelthalle von der Firma L. Stromeyer & Co., Konstanz, gebaut. Sie diente als Unterkunft für die fertiggestellten Luftschiffe, die in der Schwimmhalle in Manzell gebaut worden waren. LZ 3 verblieb darin, bis die Militärhalle in Metz vollendet war.

In der Doppelhalle in Friedrichshafen gebaute Luftschiffe							
Nr.	Fertigstellung	Typ	Länge	Durchmesser	Geschwindigkeit	Motor: Zahl/Typ	PS insgesamt
LZ 7 [1)]	19.09.1910	E	148 m	14,0 m	16,7 km/h	3/Daimler	360 PS
LZ 8 [2)]	30.03.1911	E	148 m	14,0 m	16,7 km/h	3/Daimler	360 PS
LZ 9	02.10.1911	F	132 m	14,0 m	21,7 km/h	3/Maybach CX	435 PS
LZ 10 [3)]	26.06.1911	F	132 m	14,0 m	21,7 km/h	3/Maybach CX	435 PS
LZ 11 [4)]	19.02.1912	G	148 m	14,0 m	22,2 km/h	3/Maybach CX	510 PS
LZ 12	25.04.1912	F	132 m	14,0 m	21,7 km/h	3/Maybach CX	435 PS
LZ 13 [5)]	30.07.1912	G	148 m	14,0 m	22,2 km/h	3/Maybach CX	510 PS
LZ 14	07.10.1912	H	158 m	14,9 m	21,2 km/h	3/Maybach CX	495 PS
LZ 15	16.01.1913	H	142 m	14,9 m	21,8 km/h	3/Maybach CX	510 PS
LZ 16	14.03.1913	H	142 m	14,9 m	21,8 km/h	3/Maybach CX	510 PS
LZ 17 [6)]	03.05.1913	H	140 m / 148 m	14,9 m	21,5 km/h / 21,0 km/h	3/Maybach CX / 3/Maybach CX	510 PS / 540 PS
LZ 18	09.09.1913	I	158 m	16,6 m	21,0 km/h	4/Maybach CX	660 PS
LZ 19	06.06.1913	H	140 m	14,9 m	20,0 km/h	3/Maybach CX	495 PS
LZ 20	08.07.1913	H	140 m	14,9 m	20,0 km/h	3/Maybach CX	540 PS
LZ 21	10.11.1913	K	148 m	16,6 m	21,0 km/h	3/Maybach CX	540 PS
LZ 22	08.01.1914	L	156 m	14,9 m	20,0 km/h	3/Maybach CX	540 PS
LZ 23	11.05.1914	L	156 m	14,9 m	20,0 km/h	3/Maybach CX	540 PS
LZ 24	11.05.1914	M	158 m	14,9 m	22,4 km/h	3/Maybach CX	630 PS
LZ 25	13.07.1914	M	158 m	14,9 m	22,5 km/h	3/Maybach CX	630 PS
LZ 27	18.08.1914	M	158 m	14,9 m	22,5 km/h	3/Maybach CX	630 PS
LZ 28	28.09.1914	M	158 m	14,9 m	22,5 km/h	3/Maybach CX	630 PS
LZ 29	13.10.1914	M	158 m	14,9 m	22,5 km/h	3/Maybach CX	630 PS
LZ 31	03.11.1914	M	158 m	14,9 m	22,4 km/h	3/Maybach CX	630 PS
LZ 32	20.11.1914	M	158 m	14,9 m	22,4 km/h	3/Maybach CX	630 PS
LZ 33	17.12.1914	M	158 m	14,9 m	22,4 km/h	3/Maybach CX	630 PS
LZ 35	11.01.1915	N	158 m	14,9 m	22,4 km/h	3/Maybach CX	630 PS
LZ 36	08.03.1915	O	161 m	16,0 m	23,6 km/h	3/Maybach CX	630 PS
LZ 39	24.04.1915	O	161 m	16,0 m	22,5 km/h	3/Maybach CX	630 PS

Schauplatz Bodensee, etwa 1910. Die große der zwei schwimmenden Hallen von Manzell wird hier von zwei Dampfschiffen in eine Aufstiegsposition gezogen.

Danach nutzte LZ 6 die Zelthalle, doch es war bald klar, dass sie zu klein war. Daher wurde sie im Juli 1912 abgerissen.
Während der Frankfurter ILA im Jahre 1909 wurde ein Architektenwettbewerb über den Entwurf einer Doppelhalle ausgeschrieben, in der zwei Luftschiffe nebeneinander Platz haben sollten. Der Wettbewerb war schnell entschieden, und der Zuschlag ging an die Firma Brückenbauanstalt Flender AG aus Benrath. Die Arbeiten begannen schon im gleichen Jahr, und 1910 wurde die Halle fertiggestellt. Insgesamt sind in ihr 28 Luftschiffe von der Luftschiffbau Zeppelin GmbH gebaut worden, das letzte im Jahre 1915.
Durch die enorme Nachfrage des Militärs und des zivilen Bereichs (DELAG) wuchs die Luftschiffbau Zeppelin GmbH enorm. So wurde bald eine größere Halle erforderlich, um die neuen Luftschiffe bauen zu können. Ausgelöst durch den Ersten Weltkrieg, war ein beträchtlicher Bedarf an starren Luftschiffen für Angriffe auf England und für die Aufklärungsfahrten über Nord- und Ostsee entstanden. Zwei neue, einzelne Hallen wurden neben der alten und jetzt zu klein gewordenen Doppelhalle auf dem Riedlepark-Gelände errichtet. Eine Halle wurde 1914/15 und die zweite 1915/16 von der Zeppelin Hallenbau GmbH gebaut. Genutzt wurden die neuen Hallen bis zum Ende des Ersten Weltkriegs.

Im Verlauf des Kriegs wurden die Luftschiffe immer größer, und die Produktionszeit nahm immer mehr Zeit in Anspruch, sodass mehrere Hallen erforderlich waren. Zu den drei Hallen in Friedrichshafen erwarb die Luftschiffbau Zeppelin GmbH vom Württembergischen König und dem Deutschen Reich noch ein Grundstück in der Nähe von Löwenthal, etwa 2 km vom Riedlepark entfernt. Die Einzelhalle wurde schnell von der Zeppelin Hallenbau GmbH mit einem Kostenaufwand von 772 000,- Reichsmark errichtet und im Frühjahr 1915 fertiggestellt. Obwohl beabsichtigt war, dass die Heeres-Luftschiffer-Abteilung von dieser Halle aus ihre Testfahrten unternehmen sollte, wurden dort 21 Luftschiffe mit Teilen vom nahe liegenden Luftschiffbau Zeppelin, Friedrichshafen, zusammengebaut.

---

1) DELAG-Luftschiff »Deutschland«
2) DELAG-Luftschiff (Ersatz) »Deutschland«
3) DELAG-Luftschiff »Schwaben«
4) DELAG-Luftschiff »Viktoria Luise«
5) DELAG-Luftschiff »Hansa«
6) DELAG-Luftschiff »Sachsen«

Das »Tor« der provisorischen Zelthalle, die zuerst auf dem neuen Gelände in Friedrichshafen errichtet wurde.

Für die Zelthalle baute die Firma L. Stromeyer aus Konstanz ein entsprechendes Gerüst (unten links).

Die Zelthalle nach der Fertigstellung mit Dacheindeckung und stoffbespannten Seitenwänden im Jahre 1909 (unten rechts).

LZ 3 beim Einhallen in die provisorische Zelthalle, die schnell zu klein war und bereits 1912 abgerissen wurde.

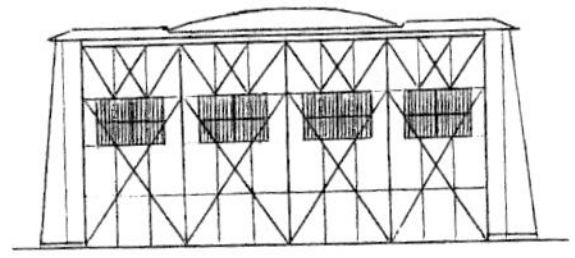

Friedrichshafen Doppelhalle

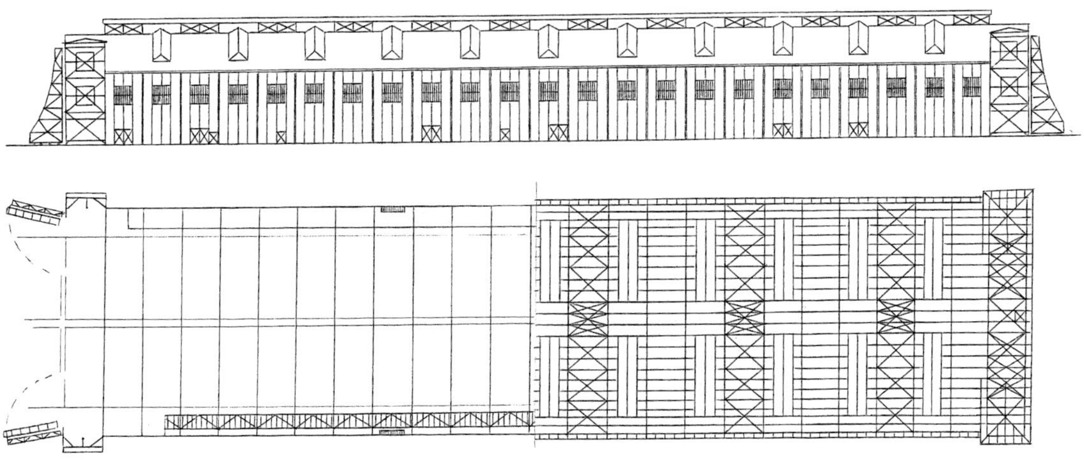

Bei einer Ausschreibung, die Zeppelin während der ILA durchführte, entstand der Entwurf für eine Doppelhalle in Friedrichshafen. Sie wurde 1910 fertiggestellt.

In Halle Nr. 2, Friedrichshafen, gebaute Luftschiffe							
Nr.	Fertigstellung	Typ	Länge	Durchmesser	Geschwindigkeit	Motor: Zahl/Typ	PS insgesamt
LZ 38	03.04.1915	P	163,0 m	18,7 m	25,0 km/h	4/Maybach CX	840 PS
LZ 40	13.05.1915	P	163,0 m	18,7 m	26,7 km/h	4/Maybach CX	840 PS
LZ 43	21.06.1915	P	163,0 m	18,7 m	26,7 km/h	4/Maybach CX	840 PS
LZ 45	23.07.1915	P	163,0 m	18,7 m	26,7 km/h	4/Maybach CX	840 PS
LZ 47	24.08.1915	P	163,0 m	18,7 m	26,7 km/h	4/Maybach CX	840 PS
LZ 50	23.09.1915	P	163,0 m	18,7 m	27,0 km/h	4/Maybach HSL u	960 PS
LZ 53	20.10.1915	P	163,0 m	18,7 m	27,0 km/h	4/Maybach HSL u	960 PS
LZ 54	19.11.1915	P	163,5 m	18,7 m	27,0 km/h	4/Maybach HSL u	960 PS
LZ 59	21.12.1915	Q	178,8 m	18,7 m	26,5 km/h	4/Maybach HSL u	960 PS
LZ 62	28.05.1916	R	198,0 m	23,9 m	28,7 km/h	6/Maybach HSL u	1440 PS
LZ 76	30.08.1916	R	198,0 m	23,9 m	28,7 km/h	6/Maybach HSL u	1440 PS
LZ 82	01.11.1916	R	198,0 m	23,9 m	28,7 km/h	6/Maybach HSL u / 5/Maybach HSL u	1440 PS / 1200 PS
LZ 88	03.01.1917	R	198,0 m	23,9 m	28,7 km/h	6/Maybach HSL u / 5 Maybach HSL u	1440 PS / 1200 PS
LZ 92	06.03.1917	S	196,5 m	23,9 m	28,7 km/h	5/Maybach HSL u	1200 PS
LZ 95	22.05.1917	U	196,5 m	23,9 m	28,9 km/h	5/Maybach HSL u	1200 PS
LZ 100	08.08.1917	V	196,5 m	23,9 m	31,8 km/h	5/Maybach HSL u / 5/Maybach Mb IVa	1200 PS / 1300 PS
LZ 105	29.10.1917	V	196,5 m	23,9 m	31,8 km/h	5/Maybach Mb IVa	1300 PS
LZ 110	09.03.1918	V	196,5 m	23,9 m	31,8 km/h	5/Maybach Mb IVa	1225 PS
LZ 113	29.07.1918	X	211,5 m	23,9 m	36,5 km/h	7/Maybach Mb IVa / 6/Maybach HSL u	1715 PS / 1470 PS

In Halle Nr. 3, Friedrichshafen, gebaute Luftschiffe							
Nr.	Fertigstellung	Typ	Länge	Durchmesser	Geschwindigkeit	Motor: Zahl/Typ	PS insgesamt
LZ 65	31.01.1916	Q	178,5 m	18,7 m	26,7 km/h	4/Maybach HSL u	960 PS
LZ 74	04.08.1916	R	198,0 m	23,9 m	28,7 km/h	6/Maybach HSL u	1440 PS
LZ 80	12.10.1916	R	198,0 m	23,9 m	28,7 km/h	6/Maybach HSL u / 5/Maybach HSL u	1400 PS / 1220 PS
LZ 86	11.12.1916	R	198,0 m	23,9 m	28,7 km/h	6/Maybach HSL u / 5/Maybach HSL u	1400 PS / 1220 PS
LZ 91	21.02.1917	S	196,5 m	23,9 m	28,7 km/h	5/Maybach HSL u	1200 PS
LZ 94	24.04.1917	T	196,5 m	23,9 m	28,9 km/h	5/Maybach HSL u	1200 PS
LZ 97	06.07.1917	U	196,5 m	23,9 m	28,9 km/h	5/Maybach HSL u	1200 PS
LZ 102	26.09.1917	W	226,5 m	23,9 m	28,6 km/h	5/Maybach HSL u	1200 PS
LZ 106	12.12.1917	V	196,5 m	23,9 m	31,8 km/h	5/Maybach Mb IVa	1225 PS
LZ 112	01.07.1918	X	211,5 m	23,9 m	36,5 km/h	7/Maybach Mb IVa	1715 PS

Blick in die mächtige Doppelhalle von Friedrichshafen. 28 Luftschiffe sind in ihr bis 1915 gebaut worden.

Die Fertigungswerkstätten für Bauteile der Zeppeline lagen direkt neben der Doppelhalle in Friedrichshafen.

Kolorierte Postkarte der Doppelhalle Friedrichshafen. Einhallen eines Luftschiffes im Jahre 1912.

LZ 15 beim Anschweben Richtung Doppelhalle. Bald fallen die Leinen für die Haltemannschaften.

Für das Aufsteigen und Anschweben der Luftschiffe waren große, von Hindernissen freie Flächen um die Hallen herum notwendig. Hier ein Luftbild der Halle in Friedrichshafen-Löwenthal.

In der Halle Friedrichshafen-Löwenthal gebaute Luftschiffe							
Nr.	Fertigstellung	Typ	Länge	Durchmesser	Geschwindigkeit	Motor: Zahl/Typ	PS insgesamt
LZ 41	07.06.1915	P	163,5 m	18,7 m	25,0 km/h	4/Maybach CX	840 PS
LZ 44	08.07.1915	P	163,0 m	18,7 m	26,7 km/h	4/Maybach CX	840 PS
LZ 46	09.08.1915	P	163,0 m	18,7 m	26,7 km/h	4/Maybach CX	840 PS
LZ 48	09.09.1915	P	163,0 m	18,7 m	27,0 km/h	4/Maybach HSL u	960 PS
LZ 51	07.10.1915	P	163,0 m / 178,5 m	18,7 m	27,0 km/h / 26,5 km/h	4/Maybach HSL u	960 PS
LZ 52	03.11.1915	P	163,0 m	18,7 m	27,0 km/h	4/Maybach HSL u	960 PS
LZ 57	06.12.1915	P	178,5 m	18,7 m	26,2 km/h	4/Maybach HSL u	960 PS
LZ 61	10.01.1916	Q	178,8 m	18,7 m	26,5 km/h	4/Maybach HSL u	960 PS
LZ 64	02.03.1916	Q	178,8 m	18,7 m	26,5 km/h	4/Maybach HSL u	960 PS
LZ 67	04.04.1916	Q	178,8 m	18,7 m	26,5 km/h	4/Maybach HSL u	960 PS
LZ 68	28.04.1916	Q	178,8 m	18,7 m	26,5 km/h	4/Maybach HSL u	960 PS
LZ 72	12.07.1916	R	198,0 m	23,9 m	28,7 km/h	6/Maybach HSL u	1440 PS
LZ 78	22.09.1916	R	198,0 m	23,9 m	28,7 km/h	6/Maybach HSL u	1440 PS
LZ 84	22.11.1916	R	198,0 m	23,9 m	28,7 km/h	6/Maybach HSL u	1440 PS
LZ 90	31.01.1917	R	198,0 m	23,9 m	28,7 km/h	6/Maybach HSL u	1440 PS
LZ 93	01.04.1917	T	196,5 m	23,9 m	28,9 km/h	5/Maybach HSL u	1200 PS
LZ 96	13.06.1917	U	196,5 m	23,9 m	29,9 km/h	5/Maybach HSL u	1200 PS
LZ 101	01.08.1917	V	196,5 m	23,9 m	31,8 km/h	5/Maybach HSL u	1200 PS
LZ 107	19.01.1918	V	196,5 m	23,9 m	31,8 km/h	5/Maybach Mb IVa	1225 PS
LZ 111	17.04.1918	V	196,5 m	23,9 m	31,8 km/h	5/Maybach Mb IVa	1225 PS
LZ 114	09.07.1918	X	211,5 m	23,9 m	36,5 km/h	6/Maybach Mb IVa	1470 PS

Die Luftschiffe des Grafen Zeppelin waren 1909 die Sensation der Frankfurter ILA.

Blick aus dem Zeppelin auf die Halle in Frankfurt-Rebstock.

Für den Aufstieg wird das Luftschiff »Viktoria Luise« aus der Halle in Rebstock gezogen. Fotopostkarte von 1912.

Durch die wachsende Zahl der Luftschiffe wuchs die Firma Luftschiffbau Zeppelin in Friedrichshafen von 135 Angestellten und 840 Arbeitern im August 1914 auf 850 Angestellte und mehr als 6400 Arbeiter im Jahre 1917.

Die Luftschiffbau Zeppelin GmbH spielte während des Zweiten Weltkriegs eine wichtige Rolle bei der Herstellung von Minen, Drachenballons, Parabol-Radarreflektoren und Außenteilen der V2-Raketen. Der Bombenangriff im Juli 1944 zerstörte die Anlage so weit, dass die Produktion nur noch 30 Prozent der vorherigen Leistung betrug. Im November 1944 stellte der Luftschiffbau Zeppelin seine Produktion ein und wurde verlegt. Der Bau einer Gießerei in Baienfurt in der Nähe von Weingarten wurde begonnen, aber nie fertiggestellt. Eine Fabrik in Marstetten wurde zwar noch bis März 1945 errichtet, doch nur wenige Wochen später marschierten die alliierten Soldaten ein.

Weitere Standorte des Luftschiffbaus

Um den Hallennotstand von Friedrichshafen während des Ersten Weltkriegs zu lindern, wurden vorhandene Hallen in verschiedenen

In Frankfurt-Rebstock gebaute Luftschiffe							
Nr.	Fertigstellung	Typ	Länge	Durchmesser	Geschwindigkeit	Motor: Zahl/Typ	PS insgesamt
LZ 26	14.12.1914	N	161,2 m	16,0 m	22,5 km/h	3/Maybach CX	630 PS

Das Heeresluftschiff Z XII hatte die Baunummer LZ 26. Gefertigt in Frankfurt-Rebstock, machte es seine erste Fahrt bereits im Krieg am 14. Dezember 1914.

Städten beschlagnahmt oder dem Militär zur Verfügung gestellt.

Frankfurt-Rebstock

Die ehemalige DELAG-Halle in Frankfurt am Main war eigentlich zu klein für den Luftschiffbau. Um für einen neueren Luftschifftyp Platz in der Doppelhalle von Friedrichshafen zu bekommen, wurden die fertigen Teile von LZ 26, das als Passagierluftschiff geplant worden war, mit dem Zug nach Frankfurt transportiert. Da aber zu jener Zeit alle Luftschiffe für den Kriegseinsatz benötigt wurden, wurde LZ 26 nach der Fertigstellung am 14.12.1914 dem Militär übergeben. Die Halle in Frankfurt-Rebstock wurde nie wieder für den Luftschiffbau genutzt.

Luftschiffbau Potsdam

Die Luftschiffbau Zeppelin GmbH hatte nicht nur Probleme mit dem Nachschub beim Bau der Luftschiffe. Friedrichshafen konnte auch jederzeit angegriffen oder bombardiert werden. Da die Zeppelin-Firmen innerhalb der feindlichen

In der Potsdamer Halle gebaute Luftschiffe							
Nr.	Fertigstellung	Typ	Länge	Durchmesser	Geschwindigkeit	Motor: Zahl/Typ	PS insgesamt
LZ 30	11.11.1914	M	158,0 m	14,9 m	22,4 km/h	3/Maybach CX	630 PS
LZ 34	06.01.1915	M	158,0 m	14,9 m	22,4 km/h	3/Maybach CX	630 PS
LZ 37	29.02.1915	M	158,0 m	14,9 m	22,4 km/h	3/Maybach CX	630 PS
LZ 42	15.06.1915	P	163,5 m	18,7 m	26,3 km/h	4/Maybach CX	840 PS
LZ 49	02.08.1915	P	163,0 m	18,7 m	27,0 km/h	4/Maybach CX	840 PS
LZ 55	12.09.1915	P	163,5 m	18,7 m	27,0 km/h	4/Maybach CX	840 PS
LZ 56	10.10.1915	P	163,5 m / 178,5 m	18,7 m	27,0 km/h / 26,2 km/h	4/Maybach CX	840 PS
LZ 58	14.11.1915	P	178,5 m	18,7 m	26,2 km/h	4/Maybach CX / 4/Maybach HSL u	840 PS / 960 PS
LZ 60	01.01.1915	P	163,5 m / 178,5 m	18,7 m	27,0 km/h / 26,2 km/h	4/Maybach HSL u	960 PS
LZ 63	23.02.1916	P	178,5 m	18,7 m	26,2 km/h	4/Maybach CX	840 PS
LZ 66	08.04.1916	Q	178,5 m	18,7 m	26,5 km/h	4/Maybach HSL u	960 PS
LZ 69	20.05.1916	Q	178,5 m	18,7 m	26,5 km/h	4/Maybach HSL u	960 PS
LZ 71	29.06.1916	Q	178,5 m	18,7 m	26,5 km/h	4/Maybach HSL u	960 PS
LZ 73	08.08.1916	Q	178,5 m	18,7 m	26,5 km/h	4/Maybach HSL u	960 PS
LZ 77	16.10.1916	Q	178,5 m	18,7 m	26,5 km/h	4/Maybach HSL u	960 PS
LZ 81	20.12.1916	Q	178,5 m	18,7 m	26,5 km/h	4/Maybach HSL u	960 PS

Angriffszone lagen, sah das Militär die Notwendigkeit, einen Teil der Firmen auszulagern. Das wurde nach dem Angriff vom 12.11.1914 besonders dringend, da die Bomben die Hallen in Friedrichshafen nur knapp verfehlt hatten.
Die Firma Schütte-Lanz, die in Mannheim-Rheinau starre Luftschiffe aus Sperrholz baute, errichtete bald eine zweite Fabrik in Zeesen (Königs Wusterhausen) in der Nähe von Berlin. Die von der Stadt Potsdam gebaute DELAG-Halle wurde von der Zeppelin Luftschiffbau GmbH übernommen und mit Werkstätten und Lagerräumen weiter ausgebaut. Insgesamt wurden dort unter der Leitung von Dipl.-Ing. Wilhelm Ernst Dörr 16 weitere Zeppeline gebaut.

Nach dem Bau von LZ 81 wurde es offensichtlich, dass für die nächste Luftschiffgeneration ein neuer Standort mit einer größeren Halle notwendig war. Der Zeppelin Luftschiffbau be-

Torgebäude des Luftschiffhafens Potsdam. Nach dem Verkauf der Anlage an die Stadt 1921 entstand dort ein Sport- und Erholungsgelände.

Passagierblick aus dem Luftschiff »Hansa« auf den Luftschiffhafen Potsdam. Unten rechts das Torgebäude und darüber die Luftschiffhalle.

In die geräumige Doppelhalle in Potsdam passten zwei Luftschiffe. Hier sind die »Sachsen« (LZ 17) und »Viktoria Luise« (LZ 11) nebeneinander vertäut.

Hier wird das Luftschiff »Hansa« (LZ 13) von den Haltemannschaften in die Potsdamer Halle gezogen.

gann, in Berlin-Staaken die erste für eine große Serienproduktion geeignete Fabrik zu bauen. Um finanziell überleben zu können, wurde die Potsdamer Anlage 1921 an die Stadt Potsdam verkauft. Die Stadt errichtete eine Sport- und Erholungsanlage auf dem Gelände, und der Sportplatz ist heute noch vorhanden.

Luftschiffbau Berlin-Staaken

Berlin-Staaken war eine Fabrik mit einem durchdachten Konzept, das die ständig zunehmende Zahl von Luftschiffaufträgen zu erfüllen suchte. Wie schon erwähnt, war Wilhelm Dörr für den Bau dieser Anlage zuständig. Das Konzept war einfach und einzigartig: Zwei große Hallen waren parallel angeordnet, und zwischen ihnen befand sich eine sogenannte »Ringhalle«. In dieser Halle wurden einzelne Ringe des Gerüsts zusammengebaut und dann zur Endmontage zu einer der Hallen gebracht. Diese »Ringhalle« war auch groß genug, um einige Ringe gleichzeitig unterzubringen. Dadurch wurde in den Fertigungshallen Platz geschaffen und die Produktionszeit beträchtlich verkürzt.
In Friedrichshafen wurde eine solche »Ring-

Über den Templiner See anfahrend, steuert das Luftschiff »Hansa« Richtung Luftschiffhafen Potsdam am Westufer.

halle« erst Anfang 1936 gebaut, um wieder eine Serienproduktion zu ermöglichen, die aber nie zustande kam. Mit der Fertigstellung der Berliner Fabrik zogen Mitarbeiter, Einrichtung und Geräte 1916 von Potsdam nach Staaken um. Noch zwölf weitere Luftschiffe wurden hier vor Kriegsende gebaut.

Der Standort Staaken wurde auch für den Bau der R-Flugzeuge (»R« steht für »Riesen«) genutzt, die in einem späteren Kapitel beschrieben werden. Die Werke in Staaken beschäftigten 700 Angestellte und 4000 Arbeiter, die sich ab 1917 zum größten Teil mit dem Bau der R-Flugzeuge befassten.

In Berlin-Staaken gebaute Luftschiffe (Nordhalle)							
Nr	Fertigstellung	Typ	Länge	Durchmesser	Geschwindigkeit	Motor: Zahl/Typ	PS insgesamt
LZ 79	15.01.1917	R	198,0 m	23,9 m	28,7 km/h	6/Maybach HSL u 5/Maybach HSL u	1440 PS / 1200 PS
LZ 85	02.04.1917	R	198,0 m	23,9 m	28,7 km/h	5/Maybach HSL u	1200 PS
LZ 89	09.06.1917	R	198,0 m	23,9 m	28,7 km/h	5/Maybach HSL u	1200 PS
LZ 99	13.08.1917	U	196,5 m	23,9 m	31,8 km/h	5/Maybach HSL u / 5/Maybach Mb IVa	1200 PS / 1225 PS
LZ 104	10.10.1917	W	226,5 m	23,9 m	28,6 km/h	5/Maybach HSL u	1200 PS
LZ 109	11.03.1918	V	196,5 m	23,9 m	31,8 km/h	5/Maybach Mb IVa	1225 PS

In Berlin-Staaken gebaute Luftschiffe (Südhalle)							
Nr	Fertigstellung	Typ	Länge	Durch messer	Geschwindigkeit	Motor Zahl/Typ	PS insgesamt
LZ 75	09.11.1917	R	198,0 m	23,9 m	28,7 km/h	6/Maybach HSL u	1440 PS
LZ 83	22.02.1917	R	198,0 m	23,9 m	28,7 km/h	6/Maybach HSL u	1440 PS
LZ 87	11.05.1917	R	198,0 m	23,9 m	28,7 km/h	5/Maybach HSL u	1200 PS
LZ 98	14.07.1917	U	196,5 m	23,9 m	31,8 km/h	5/Maybach HSL u / 5/Maybach Mb IV	1200 PS / 1300 PS
LZ 103	24.09.1917	V	196,5 m	23,9 m	31,8 km/h	5/Maybach HSL u / 5/Maybach Mb IV	1200 PS / 1300 PS
LZ 108	18.12.1917	V	196,5 m	23,9 m	31,8 km/h	5/Maybach Mb IVa	1225 PS

Die parallel aufgebaute Nord- und Südhalle für die Endmontage und eine »Ringhalle« dazwischen für die gleichzeitige Fertigung mehrerer Ringe ergaben die Fabrik für Luftschiffe in Berlin-Staaken.

Blick in die Nordhalle von Staaken, in der seit Mitte 1916 noch sechs Luftschiffe bis zum März 1918 gebaut wurden (ganz links).
L 59 vor dem Aufstieg in Staaken. Das sogenannte Afrikaluftschiff (Baunummer LZ 104) sollte die Kolonialtruppen in Deutsch-Ostafrika versorgen (links).

Entwicklungen während des Ersten Weltkriegs

Während des Ersten Weltkriegs kam es zu einer dramatischen Entwicklung in der Luftschifftechnologie, da immer größere Luftschiffe gefragt waren, die immer höher steigen sollten, um feindlichen Flugzeugen ausweichen zu können. Auch musste zur militärischen Nutzung eine größere Reichweite erzielt werden, um das feindliche Ziel zu erreichen, und natürlich war es ebenfalls wichtig, die Bombenlast zu erhöhen. Dadurch wurden immer größere Hallen benötigt, was enorme architektonische Herausforderungen und Kosten mit sich brachte.
Am Anfang des Ersten Weltkriegs war der Zeppelin der »König der Lüfte«, aber während des Kriegs verlor er gegenüber dem Flugzeug an Bedeutung. 1914 konnte der Zeppelin noch höher fliegen und mehr Bomben abwerfen, da die

Ein Teil der Belegschaft hat sich vor der Nordhalle in Staaken für das Foto versammelt.
1917 waren dort 700 Angestellte und 4000 Arbeiter beschäftigt.

Landung des LZ 120 »Bodensee« in Staaken, jetzt als Flugplatz genutzt.

Flugzeuge dieser Zeit für ihn kaum eine Bedrohung darstellten. In der Anfangszeit war es das Ziel der kleinen, feindlichen Flugzeuge, Löcher in die gigantischen Gaszellen zu schießen. Es dauerte aber Stunden oder sogar Tage, bis diese Löcher die Tragfähigkeit des Luftschiffs beeinflussten. In der Zwischenzeit konnte es ohne größere Probleme wieder zu seinem Standort zurückkehren.

Obwohl die Zeppeline mit leicht entzündlichem Wasserstoffgas gefüllt waren, hatten die englischen Piloten anfangs kaum eine Möglichkeit, das Luftschiff zur Explosion zu bringen. Die Situation änderte sich, als John Pomeroy im Jahre 1914 explodierende Munition entwickelte und J. F. Buckingham ein Phosphor-Brandgeschoss. 1916 wurde diese Munition an die für die Verteidigung der Heimatfront Englands zuständigen Geschwader verteilt. Jetzt war es möglich, mit nur einem Treffer den Zeppelin in Brand zu schießen. Da die Zeppelin-Mannschaften aufgrund des Gewichts keine Fallschirme mitnahmen, bedeutete der Absturz für sie den Tod. Die deutsche Antwort war, einfach größere Zeppeline zu bauen, die eine größere Höhe erreichen konnten und somit außerhalb der Reichweite der englischen Flugzeuge blieben.

Man kann aber nicht davon ausgehen, dass durch die größere Flughöhe ein höherer militärischer Nutzen entstand. Die Zeppelin-Besatzungen verloren im Gegenteil die Orientierung, da aus großer Höhe kaum etwas von der Landschaft zu erkennen war, und somit ging die Treffsicherheit verloren. Bedeutungsvoller war jedoch die Höhenkrankheit, die durch die dünnere Luft und den damit verbundenen Sauerstoffmangel hervorgerufen wurde. Es entstand ein Wett-

kampf, bei dem leistungsfähigere Flugzeuge auf der englischen gegen größere Luftschiffe auf der deutschen Seite antraten, und diese Situation prägte den gesamten Ersten Weltkrieg.
Das nicht brennbare Helium, das den Wasserstoff hätte ersetzen können, war damals nur aus den USA erhältlich, was für Deutschland während der Kriegszeit nicht möglich war. Daher wusste man in England, dass die Zeppeline weiterhin mit brennbarem Wasserstoff gefüllt waren.
Im Laufe des Ersten Weltkriegs erkannte Graf Zeppelin, dass der Zeppelin keine Zukunft für militärische Einsätze in der Luft hatte. Nun zeigte sich seine Flexibilität, das System zu erweitern und Tochtergesellschaften zu gründen.

Gesellschaften des Luftschiffbaus

Anfangs wurden in die Zeppeline Automobilmotoren eingebaut. Diese waren für ihre Leistung aber zu schwer, sodass sie nicht optimal für Luftschiffe geeignet waren. Für den Zeppelinbau war das Gewicht ein entscheidender Faktor. Für die Leichter-als-Luft-Fliegerei war ein leistungsfähigerer Motor erforderlich, der jedem Wetter standhielt, längere Dauereinsätze in großer Höhe ermöglichte und bei dünnerer Luft noch funktionierte.

Maybach-Motorenbau GmbH

Nach dem Unglück von Echterdingen am 4.9.1908 entwickelte Karl Maybach einen Motor, der für die Anforderungen der Zeppeline besser geeignet war. Die früheren Motoren von Daimler hatten nur 85 PS bei einem Gewichtsverhältnis von 5 kg/PS. Der Maybach-Motor hatte 150 PS bei einem Verhältnis von nur 3 kg/PS, also fast doppelt so viel Leistung bei

Von der Luft über Land zur See: breiter Verwendungsbereich der Produkte der Maybach-Motorenbau GmbH in Friedrichshafen. Prospekt aus den 1930er-Jahren.

nur 25 kg Mehrgewicht. Der neue Motor verbrauchte mit 225 g/PS/h auch viel weniger Treibstoff als der alte.
Graf Zeppelin erkannte schnell das Potenzial der Maybach-Motoren und gründete mit Karl Maybach die Luftfahrzeug-Motorenbau GmbH in Bissingen. Es gab Diskussionen bezüglich des Standorts. Colsman wollte die Fabrik in selbstständiger Verwaltung am Standort Bissingen betreiben, doch Graf Zeppelin und Ing. Dürr fürchteten, dass qualifizierte Mitarbeiter nach Bissingen abwandern könnten.
Sechs Monate später war der erste Maybach-Motor fertig und übertraf alle Erwartungen. Der Typ AZ wurde in LZ 6 eingebaut und zum ersten Mal am 25.8.1909 getestet. Die Skepsis der Ingenieure überwog, und so wurden anfangs die Maybach-Motoren in der vorderen und aus Sicherheitsgründen zwei Daimler-

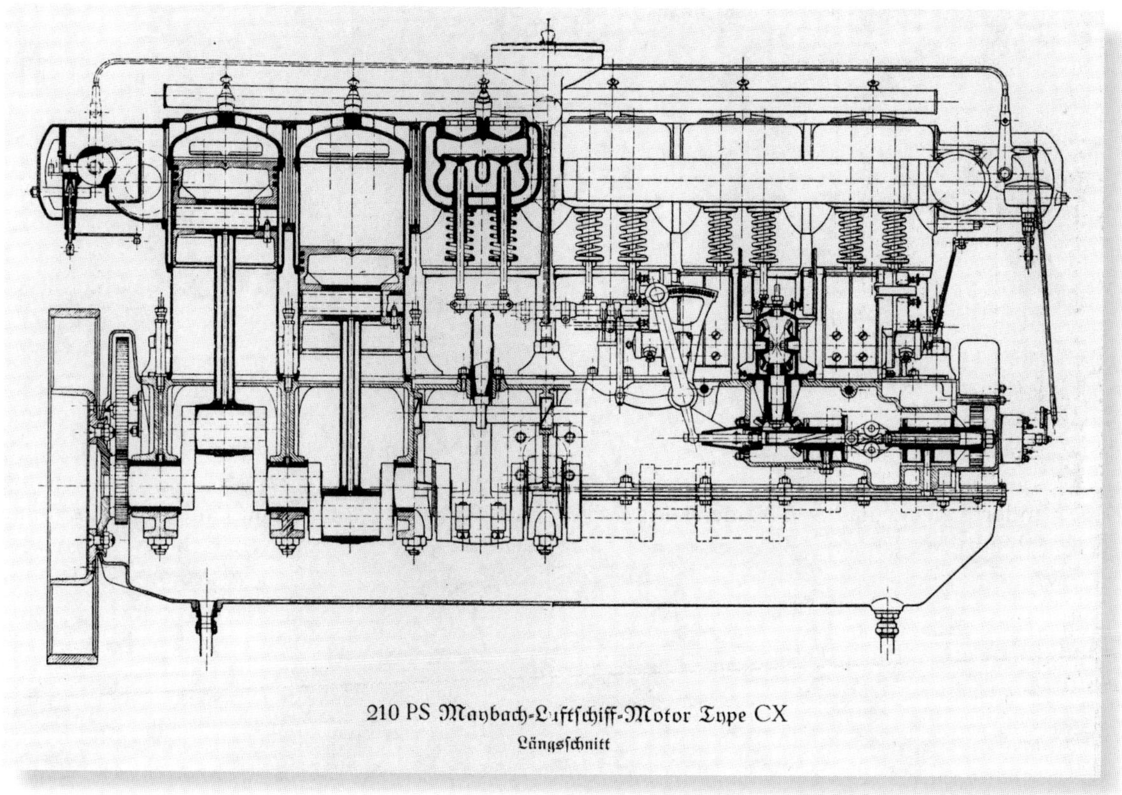

Längsschnitt durch den sechszylindrigen, 410 Kilogramm schweren CX Luftschiffmotor von Maybach.

Motoren in der hinteren Gondel eingebaut. Auch beim Antrieb der Propeller entschied man sich, im vorderen Teil einen neuen Zahnradmechanismus zu testen, während es im hinteren bei dem altgedienten Kettenantrieb blieb.

Eine dem österreichischen Kaiser Franz Josef I. versprochene Fahrt löste bei Graf Zeppelin enormen Druck aus, da die Zeit für Reparaturarbeiten und die Lösung der durch Vibrationen aufgetretenen Probleme fehlte. Als Kaiser Franz Josef am 30.8.1909 nach Friedrichshafen kam, blieb es dann bei einem freundschaftlichen Besuch.

Technische Fehler führten zu einem Bruch der Getriebewelle, und so fiel während einer Fahrt am 12.6.1910 der vordere Maybach-Motor aus. Die Motoren wurden aber weiterentwickelt, und 1911 konnte das neue Luftschiff LZ 10 »Schwaben« mit drei neuen Maybach-Motoren ausgerüstet werden.

Am 8.2.1912 zog die Luftfahrzeug Motorenbau GmbH dann doch nach Friedrichshafen um und änderte ihren Namen in Motorenbau GmbH. Somit konnte die Zusammenarbeit noch enger gestaltet werden. Hier wurde der Mb IVa, einer der berühmtesten Luftschiffmotoren aller Zeiten, entworfen und produziert. Der Motor wurde später auch im Flugzeugbau eingesetzt. Weiterhin wurden Maybach-Motoren auch in die hölzernen Konstruktionen der Schütte-Lanz-Starrluftschiffe, in die halbstarren Luftschiffe von Major Groß und sogar in die Pralluftschiffe von Parseval eingebaut.

Der Erfolg der Motoren, insbesondere in der Luftfahrt, beruhte auf dem hohen Sicherheitsstandard, der wiederum durch die umfangreichen Tests am Prüfstandort Berg Wendelstein garantiert wurde. Der Ort wurde nicht nur wegen der Höhe von 1800 m ausgewählt, sondern auch aus ganz praktischen Gründen: Es gab einen Bahnanschluss, um die Motoren auf das Testgelände zu bringen. Der Mb IVa hatte 240 PS mit einem Gewichtsverhältnis von 1,5 kg/PS. Über 1000 dieser Motoren wurden gebaut, und daher zählte das Triebwerk zu den erfolgreichsten seiner Zeit. Die Personalstärke der Motorenbau GmbH lag zu jener Zeit zwischen 2500 und 3000 Mitarbeitern.

1918 änderte die Firma ihren Namen zum zweiten Mal, nun in Maybach Motorenbau GmbH, denn nach dem Ersten Weltkrieg war es der Firma durch den Versailler Vertrag untersagt worden, Motoren für die Luftfahrt zu bauen. Daher verschob die Maybach Motorenbau GmbH ihren Schwerpunkt auf die Produktion von Automobilen. Das erste Modell W1 wurde nur einmal als Versuchswagen gebaut und 1919 vorgestellt. Zwischen 1921 und 1928 erwies sich das Modell W3 mit über 300 Autos erfolgreicher, die meist in Einzelanfertigung in verschiedenen Typen gebaut wurden.
Mit dem Bau von LZ 127 im Jahre 1928 begann die Maybach Motorenbau GmbH noch einmal mit der Produktion von Luftschiffmotoren und baute den VL 2 – eine Zwölfzylindermaschine mit 550 PS. Fünf Stück wurden in LZ 127 eingebaut und einige als Reserve bereitgehalten.

Maybach-Motoren (nach Lange 1986)						
Typ	Zylinder	PS	U/min	Gewicht	Baujahr	Nutzung
AZ	6	145/180	1200	–	1909	Zeppeline
CX	6	210	1300	410 kg	1913	Zeppeline
DW	6	160	1350	240 kg	–	Flugzeuge
Mb III	6	160	1400	–	–	Flugzeuge
HSL u	6	240	1400	365 kg	1915	Zeppeline / Flugzeuge
Mb IVa	6	265 / 250	1450 / 1800	390 kg	1917	Zeppeline / Flugzeuge
Mb VI	6	500	–	–	1918	experimentell
Mb VII	12	600	1500	850 kg	1918	experimentell
VL 1	12	410	1400	950 kg	1923	LZ 126
VL 2	12	570	1600	1150 kg	1926	LZ 127
VL 4	16	1100	nicht fertiggestellt			

Der Bau von Benzin- und Rohölmotoren sowie der Automobilbau waren Maybachs Betätigungsfelder.

Zur gleichen Zeit entstand eines der berühmtesten Automobile, der Maybach-Zeppelin (auch als Modell 12 bekannt). Er war das Glanzstück der Automobilkonstruktionen von Karl Maybach. Im Jahre 1930 wurde das Auto zu einem Verkaufspreis von 34 000,- Reichsmark vorgestellt, doch wegen des hohen Preises wurden nur rund 200 Modelle gebaut. Der Börsenzusammenbruch und die große Depression verhinderten eine größere Produktion. Trotzdem kam die Maybach-Automobilproduktion bis 1941 auf insgesamt 1800 Fahrzeuge.

Karl Maybach erwog, ein kleineres Automobilmodell in größeren Stückzahlen herzustellen, doch es mangelte an der notwendigen Finanzierung. Die älteren Modelle wurden umgebaut und modernisiert, aber ein neues kam nicht auf den Markt. Auch der wunderschöne Entwurf von 1954 ging nicht in Produktion. Doch ein Nachfahre des luxuriösesten Autos der Geschichte feierte 2002 bei der Marke DaimlerChrysler unter »Maybach« Wiederauferstehung.

Die Maybach-Motoren wurden vor dem Zweiten Weltkrieg bei der Deutschen Reichsbahn in den berühmten »Fliegenden Hamburger« eingebaut. Dieser Schnellzug erreichte eine Geschwindigkeit von 160 km/h. Auch die belgischen, niederländischen und skandinavischen Bahnen nutzten den GO-6-Motor als Triebwerk für ihre Lokomotiven. 1923 baute die Reichsbahn mit einem Maybach-Motor die erste Diesellokomotive, und es wurde ein Rekord mit zwölf Passagierwaggons und einem Gesamtgewicht von 428 t aufgestellt.

Direktor Colsman war fest davon überzeugt, dass die Maybach Motorenbau GmbH ein gewinnbringendes Unternehmen sei, das die gesamten Tochterunternehmungen langfristig finanziell retten konnte. Doch diese Hoffnung wurde nicht erfüllt. Bis 1933 erhielt die Firma Maybach Geld vom Luftschiffbau, um Verbindlichkeiten zu bezahlen. Zwischen 1924 und 1927 stieg die Verschuldung auf vier Millionen Reichsmark. Insbesondere bei der Automobilproduktion gab es immer große Investitionen, da sich die Technologie schnell weiterentwickelte. Ständig waren Änderungen nötig, die eine effektive Serienproduktion verhinderten,

doch Karl Maybach war nicht bereit, Kompromisse einzugehen. Geldprobleme führten zur Verkleinerung der Belegschaft, doch ab 1928 wurden wieder Gewinne erzielt.
Während des Zweiten Weltkriegs stellte Maybach 140 000 Motoren her, und die Fabrik in Friedrichshafen wurde zum Hauptziel von zahlreichen alliierten Bombenangriffen.
Der erste Luftangriff erfolgte im Oktober 1943, und der größte und verheerendste am 28.4.1944 legte 70 Prozent der Fabrik in Schutt und Asche. Die totale Zerstörung der Maybach- und der Luftschiffbau-Zeppelin-Werke erfolgte am 20.7.1944. Während dieses Angriffs wurden 90 Prozent aller Industrieanlagen, 60 Prozent der Produktion und 63 Prozent der Wohngebäude vernichtet. Die Produktionszahlen dieser Zeit wurden nie wieder erreicht. Die nach dem Krieg teilweise wieder aufgebaute Fabrik in Friedrichshafen übernahm hauptsächlich Reparaturarbeiten.
1950 war der Wiederaufbau auf dem insgesamt 130 000 m^2 großen Firmengelände, von dem 45 000 m^2 überdacht waren, abgeschlossen. Jean Raebel löste Direktor Karl Maybach ab und führte die Firma durch die Nachkriegsjahre. Der nach 1945 entwickelte Maybach-Motor MD-538 wird bis heute produziert und hauptsächlich in Lokomotiven eingebaut.
1960 erwarb Daimler-Benz die Aktienmehrheit, und sechs Jahre später wurde die Maybach Mercedes-Benz Motorenbau GmbH gegründet. 1969 fand der Zusammenschluss dieser Firma mit der MAN (Maschinenfabriken Augsburg-Nürnberg) statt, woraus die Firma MTU (Motoren- und Turbinen-Union Friedrichshafen GmbH) hervorging.
Heute hat MTU etwa 7000 Mitarbeiter, von denen 5800 in Deutschland arbeiten. Maybach-Triebwerke sind hauptsächlich in Schiffen, Lokomotiven und großen Lkw zu finden.

Ballonhüllen GmbH

1912 entstand während der Entleerung von Gaszellen in Friedrichshafen ein Funke, doch glücklicherweise wurde das Feuer schnell gelöscht. Einige Wochen später kam es am 28.6.1912 in Düsseldorf zu einem weniger glücklich verlaufenden Unfall, als das Luftschiff LZ 10 »Schwaben« ausbrannte. Es wurde schnell festgestellt, dass beide Unfälle auf die Gummibeschichtung der Gaszellen zurückzuführen waren, die sich elektrostatisch auflud. Dadurch entstand leicht ein Funke, der bei einem Leck das feuergefährliche Wasserstoffgas zur Explosion bringen konnte.
Es wurde dringend ein luftdichtes Material für die Herstellung von Gaszellen gesucht, das sich nicht elektrostatisch auflud. Bereits 1909 wurden vom Luftschiffbau Zeppelin Versuche durchgeführt, Goldschlägerhaut in großen Mengen herzustellen. Goldschlägerhaut war bei den Nürnberger Goldschmieden schon lange bekannt und wurde bei der Herstellung von Blattgold verwendet. Das Material wurde

Das 1912 neu errichtete Gebäude der Zeppelin-Tochtergesellschaft Ballonhüllen GmbH in Berlin-Tempelhof.

Lud sich elektrostatisch nicht auf, war gasdicht und wesentlich leichter als ihre Vorgängerin aus gummibeschichteter Baumwolle: ausgelegte Gaszelle aus Goldschlägerhaut.

aus Rinderblinddärmen gewonnen. Nach der Verarbeitung betrug die maximale Größe eines Stücks 100 × 25 cm.
Erich Trenkmann besaß eine kleine Gerberei in Berlin-Schöneberg, die am 25.10.1909 erworben und zu einem Teil der Ballonhüllen GmbH wurde.
1912 wurde die neue Tochtergesellschaft der Ballonhüllen-Gesellschaft GmbH in Berlin-Tempelhof gegründet, und dort begann die Massenproduktion der Goldschlägerhaut. Bis 1917 waren ungefähr 2000 Arbeiterinnen und Arbeiter mit dem Reinigen und Verarbeiten der Rinderdärme beschäftigt. Die Häute wurden auf einen dünnen Wollträger aufgeklebt, der zur Verstärkung diente. Goldschlägerhaut war nicht nur ein luftdichtes Material für Gaszellen, das sich während der Fahrt nicht elektrostatisch auflud, sondern sie war auch noch bedeutend leichter als das vorher verwendete Gummi.

Bei der Ballonhüllen GmbH wurden die schmalen Streifen der Goldschlägerhaut zu breiten Bahnen für die Gaszellen der Luftschiffe verarbeitet.

Das Hauptproblem war die Versorgung mit dem Rohstoff. Es waren ungefähr 700 000 Rinderdärme erforderlich, um die Gaszellen für ein einzelnes Luftschiff zu produzieren. Während des Ersten Weltkriegs wurden die Rinderdärme von allen Metzgern, auch aus den ganzen besetzten Ländern, eingezogen; selbst bis nach Russland reichte die Nachfrage. Das Rohprodukt wurde dann in Berlin von mehreren Hundert Frauen geschnitten und gesäubert, was eine doch sehr schmutzige Arbeit gewesen sein muss und dazu noch schrecklich stank. Aber die Situation wurde noch dramatischer, da die älteren Gaszellen nach einer gewissen Zeit spröde und undicht wurden. Auch die Gaszellen der Luftschiffe, die von feindlichen Flugzeugen durchschossen worden waren, mussten repariert oder ersetzt werden. Da die Zeppeline und damit auch die Gaszellen immer größer wurden, war eine zunehmende Menge an Goldschlägerhaut erforderlich.

Anscheinend erhielt die Ballonhüllen-Gesellschaft nach dem Ersten Weltkrieg den Namen

Anzahl der Luftschiffe und Darmverbrauch					
Jahr	1914	1915	1916	1917	1918
Friedrichshafen	6	19	14	14	6
Potsdam	1	7	8	–	–
Staaken	–	–	2	9	1
Frankfurt	1	–	–	–	–
Zahl der Luftschiffe insgesamt	8	26	24	23	7
Zahl der Rinderdärme (Millionen)	5,6	18,2	16,8	16,1	4,9

B. G. Textilwerke GmbH, Berlin-Tempelhof, die Wäsche herstellte und eine Färberei besaß. Die Firma stellte bis in die 1950er-Jahre Wollprodukte und Kleidung her. Das Fabrikgebäude befand sich in der Friedrich-Wilhelm-Str. 52–54 in Berlin-Tempelhof und ist wahrscheinlich Ende der 1950er-Jahre abgerissen worden. Heute steht dort ein Wohnkomplex.

Zahnradfabrik GmbH

Die damals verwendeten Zahnräder und Getriebe waren eine wichtige Grundlage des Luftschiffbaus. Graf Zeppelin suchte eine Firma, die seine hohen Qualitätsansprüche erfüllen konnte. Der Ingenieur Max Maag erfand eine Methode, mit der Zahnräder von 1/100 mm Toleranz in kürzester Zeit produziert werden konnten. Die Luftschiffbau Zeppelin GmbH kaufte die Patentrechte und den dazugehörigen Maschinenpark.

Die Zahnradfabrik GmbH wurde am 20.8.1915 gegründet, und kurze Zeit später wurde eine Bahnverbindung zum neuen Firmengelände gebaut. Gut ausgebildetes Personal war schwer zu finden, trotzdem wuchs die Mitarbeiterzahl im Jahre 1916 auf 30 an, darunter acht Frauen. Die Fabrik wurde von Alfred Graf von Soden-Fraunhofen und Theodor Winz geleitet.

Die Zahnradfabrik produzierte sämtliche Getriebe und Zahnräder nicht nur für die Zeppeline, sondern auch für Flugzeuge von Zeppelin und Dornier. Außerdem wurden die Sperrholz-Luftschiffe der Firma Schütte-Lanz, die in Mannheim, Leipzig und in Zeesen gebaut wurden, mit ihnen bestückt sowie die Flugzeuge der Firmen Aviatik und AEG.

Trotz dieser Produktivität und des weiteren Wachstums warf die Zahnradfabrik erst 1918 einen bescheidenen Gewinn von 17 000,- Mark ab.

Nach dem Ersten Weltkrieg wurde die Firma verkleinert, um wirtschaftlich überleben zu können. 1921 wurde aus dem Unternehmen eine Aktiengesellschaft, und der Name wurde in Zahnradfabrik Friedrichshafen AG geändert. Obwohl die Firma zum ersten Mal ihre Produkte auf der Internationalen Automobilmesse vorstellte, mussten 140 Mitarbeiter entlassen werden.

Erst ab 1922, als mehr Autos produziert wurden, nahmen auch die Aufträge zu. Der Durchbruch kam Ende 1924 nach der großen Inflation mit Produktionen wie dem Opel »Laubfrosch« oder dem Dixi »Reiseauto«. Die Zahnradfabrik versorgte nun fast alle deutschen Autohersteller mit Getrieben. In den späten 1920er-Jahren begannen die Firmen Junkers, Heinkel und Blohm & Voss auch wieder, neue Flugzeugmodelle zu entwerfen und in Deutschland zu bauen. 1932 wurde das synchronisierte Aphongetriebe entwickelt, das es unnötig machte, beim Schalten Zwischengas zu geben. Das führte zu einer großen Expansion, sodass die Zahl der Mitarbeiter der Zahnradfabrik bis in die 1930er-Jahre auf 3000 anstieg.

Hugo Eckener persönlich hatte vorgeschlagen, die Zahnradfabrik in Schlettstadt zu bauen. Er glaubte, dass dieser Standort nach dem Zweiten Weltkrieg den Balkan als zukünftigen Markt in Südosteuropa erschließen würde. Die Fabrik fiel kleiner als geplant aus, da es Probleme gab, qualifizierte Arbeiter zu bekommen, und die Transportwege ungünstig waren. Als die Front näher rückte, wurde die Einrichtung nach Schwäbisch Gmünd verlagert, und die Gebäude in Schlettstadt wurden zerstört.

Gleichzeitig kam es vonseiten des Militärs zu Großaufträgen. 1937 wurde eine zweite Fabrik in Schwäbisch Gmünd eröffnet, 1941/42 eine in Schlettstadt und 1943 noch eine weitere in Passau mit Eckart von Soden Jr. als Direktor.
Es folgte eine dunkle Zeitepoche. Zwischen dem 22.6.1943 und dem 26.9.1944 arbeiteten etwa 1000 Häftlinge des Konzentrationslagers Dachau in der Zahnradfabrik sowie bei Maybach und Dornier. Das KZ-Außenlager Friedrichshafen wurde auf dem Gelände der Zahnradfabrik gebaut. Insgesamt starben hier 25 Gefangene. Nach der Bombardierung durch die alliierten Streitkräfte wurden die Gefangenen zur Produktion der V2-Raketenteile nach Raderach gebracht. Weitere 700 Gefangene wurden bei dem Bau des als Goldbacher Stollen bekannten, etwa 4 km langen unterirdischen Fabrikkomplexes in Überlingen zur Zwangsarbeit eingesetzt.
Bei der Bombardierung Friedrichshafens im Jahre 1944 wurde die Zahnradfabrik total zerstört.
Während der elf Luftangriffe wurden insgesamt 460 000 Brandbomben und 50 000 t an Bomben auf die Stadt abgeworfen. Der schlimmste Angriff, bei dem 2500 Zivilisten starben, erfolgte am 28.4.1944 durch 1800 englische Bomber.
Fast genau ein Jahr später rollten die ersten französischen Panzer durch Friedrichshafen, wo die meisten Gebäude beschädigt und die Fabriken zerstört waren. 1948 begann man mit der Beseitigung der Trümmer und dem Wiederaufbau. Robert Pirker und Albert Maier waren die neuen Direktoren der Zahnradfabrik während des Wiederaufbaus und führten die Firma in die Zeit des Wirtschaftswunders.
1991 stand im Zuge der zunehmenden internationalen Geschäftsbeziehungen wieder eine Namensänderung an. Aus der Zahnradfabrik GmbH wurde die ZF Friedrichshafen AG. Die Firma produzierte nicht mehr ausschließlich Zahnräder und Getriebe, sondern wurde Deutschlands drittgrößter Lieferant von Automobilteilen und nahm weltweit Platz 15 ein.

Heute stellt die ZF Friedrichshafen AG Getriebe, Lenksysteme, Wellen und Karosserieteile für Autos, Lkw, Busse, Lokomotiven, Schiffe und viele andere Maschinen her. Die Firma beschäftigt weltweit rund 34 000 Mitarbeiter in über 500 Büros und Niederlassungen. Über die Hälfte der Angestellten arbeitet in einem der 25 Betriebe innerhalb Deutschlands. 93,8 Prozent der Firmenaktien sind noch im Besitz der Zeppelin-Stiftung. Zweifellos ist die Zahnradfabrik die größte Firma, die aus dem Vermächtnis Zeppelins entstanden ist.

Propellerbau GmbH Berlin-Potsdam

Für den Bau eines Zeppelins war anfangs auch die Herstellung der großen Propeller ein Problem. Für LZ 1 wurden Experimente durchgeführt und verschiedene Entwürfe geprüft, beispielsweise indem man auf dem Deck eines Bootes einen Propeller anbrachte und somit die Schubkraft testete. Paul Jaray wurde eingestellt, und am 25.7.1916 gründete die Firma Luftschiffbau Zeppelin ein Tochterunternehmen, die Propellerbau GmbH Berlin-Potsdam. Die Firma selbst erwarb einige Patente, konnte aber ihre Produkte nicht erfolgreich vermarkten. Aus unbekannten Gründen wurde die Firma vor dem Ende des Ersten Weltkriegs aufgelöst.

Holzindustrie GmbH Meckenbeuren

Im Jahre 1918 begann die Luftschiffbau Zeppelin GmbH eine Sägemühle auf dem Werksgelände in Friedrichshafen zu bauen, um hölzerne Teile für den Luftschiff- und Flugzeugbau selbst herstellen zu können. Kurz nach der Firmengrün-

dung der Holzindustrie Friedrichshafen GmbH bot Hugo Wolfe seine kleine Sägemühle dem Luftschiffbau Zeppelin an. Diese Sägemühle wurde am 23.8.1918 gekauft und am 15.10.1918 in Holzindustrie Friedrichshafen, Werk Meckenbeuren, umbenannt. Die Sägemühle stellte auch Eisenbahnschwellen und Telegrafenmasten her.
Nach dem Zweiten Weltkrieg wurde die Firma – oder was davon noch übrig war – von der Stadt Friedrichshafen erworben.

Zeppelin Wasserstoff- und Sauerstoffwerke AG
Die Notwendigkeit, große Mengen Wasserstoff herzustellen und auf Lager halten zu können, wurde schnell erkannt. Colsman gründete 1909 die Carbonium GmbH, die aber nicht erfolgreich war, da das Werk ein Jahr später am 19.7.1910 explodierte.
Um bei der Lieferung von Wasserstoff nicht von Fremdfirmen abhängig zu sein, entschied man sich, eine Tochtergesellschaft mit Fabrikanlagen in Friedrichshafen (1913) und Berlin-Staaken (1916/17) zu gründen. Die Firma wurde unter dem Namen Zeppelin Wasserstoff- und Sauerstoff AG (abgekürzt ZEWAS) geführt. Das Gas wurde nach einem wenig gefährlichen Verfahren produziert, doch die Erweiterung der Produktion auf die Herstellung synthetischer Edelsteine misslang. Der Neffe von Ferdinand Graf von Zeppelin wurde langjähriger Direktor der Wasserstoffanlage in Staaken.
Obwohl die Deutsche Reichsbahn 175 spezielle Eisenbahnwaggons in vier verschiedenen Typen mit einer Gesamtkapazität von 312 000 m^3 bereitstellte, um die Zeppeline mit Nachschub zu versorgen, entstand während des Ersten Weltkriegs eine fast hoffnungslose Unterversorgung. Die beiden Anlagen waren nicht in der Lage, die große Nachfrage zu befriedigen.
Nach einer Fahrt benötigte ein Zeppelin etwa 30 000 m^3 Wasserstoff zum Nachfüllen. Wenn bei größeren Einsätzen mehr als sechs Luftschiffe gleichzeitig beteiligt waren, bedeutete das einen enormen Wasserstoffbedarf. Da er nicht immer befriedigt werden konnte, mussten weitere Einsätze oft um eine Woche verschoben werden.
Bald wurden Wasserstoffanlagen an verschiedenen militärischen Standorten errichtet, um die Versorgungsengpässe auszugleichen. Die Marine-Luftschiffer-Abteilung verfügte 1918 über sechs eigene Anlagen, die eine Gesamtmenge von 270 000 m^3 Wasserstoff pro Tag produzierten. Die Marine konnte insgesamt 900 000 m^3 Wasserstoff in sechs Hochdruck- und in sechs Niedrigdruck-Lagerstätten bereithalten. Da die Luftschiffe jedoch immer größer wurden, stieg auch der Gasverbrauch weiter an, und das Problem der Gasversorgung wurde nie ganz gelöst. In Friedrichshafen und Löwenthal versorgte eine unterirdische Rohrleitung die Hallen vom Gasometer aus mit Wasserstoff. Die Gasanlage in Friedrichshafen besteht heute noch und ist als Sauerstoffwerk Friedrichshafen bekannt. Das Gaswerk in Staaken wurde anscheinend 1929 an die Stadt Berlin verkauft.

Gesellschaften des Luftschiffbetriebs

Nicht nur aus den Bedürfnissen des Luftschiffbaus heraus sind viele Tochtergesellschaften entstanden. Graf Zeppelin war sich schon früh dessen bewusst, dass er auch den Betrieb der Luftschiffe fördern musste, um ihren Absatz zu sichern.

Deutsche
Luftschiffahrts-Aktiengesellschaft
in
Frankfurt am Main.
AKTIE
№ 2693
über
TAUSEND MARK
Umgestellt auf RM
Vierzig Reichsmark
Liquidationserlös
TAUSEND MARK
bei der Deutschen Luftschiffahrts-Aktiengesellschaft in Frankfurt a. M.
nach Maßgabe der Statuten als Aktionär beteiligt.
Frankfurt a. M., den 1. August 1910.
Der Aufsichtsrat:
Der Vorstand:

Aktie der Deutschen Luftschiffahrts-Aktiengesellschaft (DELAG): erste Luftverkehrsgesellschaft der Welt.

DELAG

Graf Zeppelin erkannte schnell, dass das deutsche Militär die Möglichkeiten der starren Luftschiffe nur langsam wahrnahm. Erst während des Ersten Weltkriegs fand eine große Produktion von Zeppelinen statt. Vorher musste der Graf einen weiteren Markt für seine Luftschiffe finden. Daher wurde eine eigene Vertriebsgesellschaft für Zeppeline mit Unterstützung von Albert Ballin (15.8.1857–9.11.1918), dem Direktor der Hamburg-Amerika-Linie, am 12.2.1910 gegründet: die DELAG (Deutsche Luftschifffahrts-Aktiengesellschaft). Das Geld für die Firma stammte aus dem Verkauf von 2500 Aktien mit einem Wert von je 1000,- Mark. Direktor Colsman überzeugte die Hamburg-Amerika-Linie, 100 000,- Mark pro Jahr zur Verfügung zu stellen, um die Werbung für die DELAG-Fahrten und den Verkauf der Fahrkarten im Alleinvertrieb zu übernehmen. Durch diese Verbindung konnte man auf der ganzen Welt bei den HAPAG-Agenturen Luftschifffahrten in Deutschland buchen. Es gab keine bessere Reklame.

Die DELAG hatte ihren Hauptsitz in Frankfurt am Main. Obwohl die Zeppelin-Luftschiffe sich noch in ihrem Entwicklungsstadium befanden, schien es denkbar, einen regelmäßigen Passagierverkehr mit Luftschiffen durchführen zu können. Flugzeuge waren noch weit davon entfernt, etwas Vergleichbares zu schaffen. Die erste regelmäßige Fluglinie entstand am 1.1.1914 mit der »St. Petersburg - Tampa Air Line«, die auf einem Benoist-XIV-Flugboot nur zweimal täglich einen Passagier mitnehmen konnte. Der Dienst wurde nach drei oder vier Monaten eingestellt. Die DELAG war hingegen die erste Fluggesellschaft der Welt mit einem regelmäßigen Flugverkehr für Passagiere. Die meisten DELAG-Fahrten waren allerdings Spritztouren und sehr rentabel, da die Menschen sicher zum ersten Mal die Welt von oben betrachten konnten. Es war noch nicht wichtig, Orte im Flugverkehr regelmäßig zu verbinden. Stattdessen buchten

Durch Albert Ballin wurde die HAPAG schon 1891 mit der Luftschifffahrt in Verbindung gebracht, als während der elektrotechnischen Ausstellung in Frankfurt (16.5.–19.10.1891) der Fesselballon »Augusta Victoria« unter der Führung von Kapitän Georg Rodeck mit der Werbung der Reederei versehen wurde. Ballin wurde 1888 zum Vorstand der HAPAG berufen, und 1899 wurde er Generaldirektor. Als sein Lebenswerk nach dem Ersten Weltkrieg ruiniert war, nahm er sich am 9.11.1918 das Leben. Am nächsten Tag ging Kaiser Wilhelm II., dem Ballin als Berater verbunden war, ins Exil.

Wartungsarbeiten an der »Schwaben«. Während seiner einjährigen Dienstzeit bei der DELAG beförderte LZ 10 auf 218 Fahrten 4354 Passagiere und legte 27 321 km zurück.

viele Wohlhabende eine Reise mit dem Luftschiff, stiegen einfach nur auf und fuhren etwas umher. Die DELAG-Gästebücher enthalten illustre Namen von Passagieren aus England, Australien, Japan und den USA.

Städte in ganz Deutschland wollten an diesem Passagierdienst teilhaben und waren somit bereit, die hohen Kosten einer Zeppelinhalle zu zahlen. Die erste fertiggestellte Halle war eine Holzkonstruktion in Düsseldorf, bald gefolgt von Hallen in Baden-Oos, Frankfurt-Rebstock und später in Hamburg, Dresden, Leipzig, Gotha, Potsdam und Berlin-Johannisthal.

LZ 7 »Deutschland« wurde am 19.6.1910 in Friedrichshafen fertiggestellt und in den Dienst der DELAG übernommen. Dieser Zeppelin hatte eine Passagierkabine in der Mitte des Schiffs, wobei die Passagiere entlang der Fenster auf beiden Seiten sitzen und den Blick auf die langsam vorbeiziehende Landschaft genießen konnten. Leider wurde LZ 7 nur wenige Tage später am 28.6. zerstört.

LZ 6 wurde daraufhin für den Passagierverkehr umgebaut, aber während der Reparaturarbeiten in Baden-Oos brannte das Schiff aus. Die DELAG besaß nun neun Monate lang kein Luftschiff, bis LZ 8 »Deutschland II« fertig und in Dienst gestellt wurde. Aber auch hier kam das Ende schon am 16.5.1911, als das Luftschiff gegen das Dach der Düsseldorfer Halle gedrückt wurde. Niemand wurde verletzt, da Passagiere und Besatzung von der Feuerwehr mit Leitern gerettet werden konnten.

Beim Bau von LZ 10 »Schwaben« wurden viele Änderungen durchgeführt, um das Luftschiff sicherer und zuverlässiger zu machen. Das Schiff wurde am 26.6.1911 fertiggestellt und beförderte während seiner Fahrten 1553 Passagiere. Am 19.2.1912 folgte LZ 11 »Viktoria Luise« und am 30.7.1912 LZ 13 »Hansa«. Leider verunglückte LZ 10 »Schwaben« wegen der elektrostatischen Aufladung der Gummigaszellen. Dieser Verlust wurde schon am 3.5.1913 durch LZ 17 »Sachsen« ersetzt. Der in Frankfurt gebaute Zep-

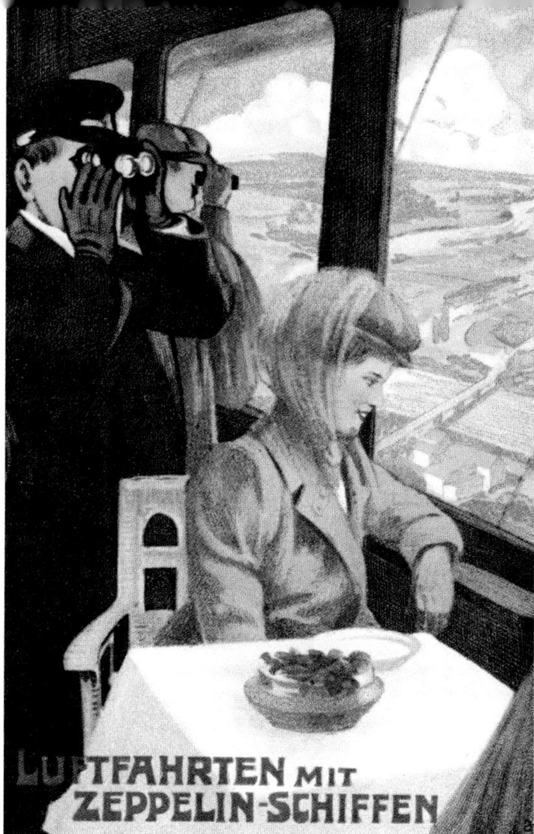

Zwei zeitgenössische DELAG-Plakate, die das Fahren mit dem Luftschiff den Menschen schmackhaft machten.

pelin LZ 26 wäre wahrscheinlich das nächste DELAG-Luftschiff gewesen, wurde aber wegen des Ausbruchs des Ersten Weltkriegs zum militärischen Luftschiff.
Die DELAG-Luftschiffe beförderten vor dem Kriegsausbruch zusammen 17 402 zahlende Passagiere und insgesamt 34 000 Personen bei etwa 1600 Fahrten. Obwohl die meisten Fahrten Spritztouren waren, bot der Zeppelin die sicherste Art des Flugverkehrs. Kein einziger Passagier kam während dieser Zeit zu Schaden.
Die DELAG bot dem Zeppelin-Luftschiffbau viele Möglichkeiten. Die professionelle Öffentlichkeitsarbeit trug zur Begeisterung der Bevölkerung für die Luftfahrt bei. Nur so kamen die vielen Spenden nach dem Unglück von Echterdingen zusammen, die Graf Zeppelin den Aufbau seiner Firmen überhaupt ermöglichten. Die DELAG war für die Luftschiffbau Zeppelin GmbH ein profitabler Betrieb: sowohl durch zahlende Fahrgäste als auch durch die Postbeförderung. Weiterhin konnte die Luftschiffbau Zeppelin GmbH Luftschiffe unmittelbar an die eigene Tochtergesellschaft DELAG verkaufen. So entstand ein Markt für das eigene Produkt. Hätte sich der Zeppelin-Luftschiffbau nur auf militärische Aufträge konzentriert, wären weitaus weniger Luftschiffe gebaut und viele Entwicklungen nicht fortgeführt worden. Ohne die DELAG wären die Zeppeline wiederum nicht so oft am Himmel gewesen, um von der Bevölkerung bewundert zu werden.
Ob die DELAG selbst wirklich so rentabel war, ist mehr als fraglich. Die große Zahl der Standorte war mit einem hohen Personalaufwand verbunden, und auch die notwendige Wasserstoffversorgung musste gewährleistet werden. Ab Juni 1913 waren eigentlich nur drei Luftschiffe gleichzeitig im Dienst. Die Verlustrate der DELAG-Luftschiffe war hoch, und obwohl kein Passagier verletzt wurde, entstand eine hohe finanzielle Belastung. Auch bestand die Hälfte der Passagiere aus Personen, die auf die eine oder andere Art Gäste waren.

Der Blick aus wenigen Hundert Metern Höhe auf Städte und Landschaften ist einmalig und faszinierend. Es ist den DELAG-Passagieren anzusehen (ganz oben). Luftschiff »Sachsen«, verankert in der Halle des Leipziger Luftschiffhafens (oben).

Aus den alten Berichten der Luftschiffbau Zeppelin GmbH ist zu ersehen, dass die Firma unter kontinuierlichen finanziellen Schwierigkeiten litt. Zwischen den beiden Weltkriegen hat die DELAG zahlreiche gut ausgebildete Besatzungsmitglieder im Dienst behalten, obwohl keine Luftschiffe verfügbar waren. Somit waren aber ihr Wissen und ihre Erfahrung schnell verfügbar, als beispielsweise 1922 Mitarbeiter nach Rom geschickt wurden, um Reparaturarbeiten an LZ 120 »Bodensee« (das seinerzeit Italien als Teil der Kriegsreparationen gehörte) durchzuführen. Dieses Wissen wurde zur größten Bedeutung für die erfolgreiche Atlantiküberquerung von LZ 126 (12.–15.10.1924). Die Bedeutung der DELAG war zwar in den Hintergrund gerückt, erfüllte aber ohne Zweifel eine wichtige Rolle im Konzept von Ferdinand Graf von Zeppelin.

Die Aufzeichnungen der DELAG und der späteren Deutschen Zeppelin-Reederei verrieten den nationalen Stolz darauf, dass kein anderes Land diese Technologie so beherrschte wie Deutschland. Man konnte auch stolz darauf sein, dass das letzte Luftschiff, LZ 127 »Graf

Der Einfluss der DELAG auf die Entwicklung der Luftfahrt in Deutschland ist fast vergessen. Nach dem Ersten Weltkrieg führte sie ihre Rekordfahrten fort. LZ 120 »Bodensee« verkehrte fast täglich zwischen Berlin und Friedrichshafen, und LZ 127 »Graf Zeppelin« transportierte nicht nur die meisten Passagiere, sondern war auch am längsten im Dienst. Insgesamt hat das Luftschiff 13 110 Passagiere befördert. Aber das Vermächtnis der DELAG zeigt sich auch in den zahlreichen-großen internationalen Flughäfen Deutschlands, die aus dem damaligen Betrieb entstanden sind, wie Düsseldorf, Hamburg, Leipzig und Frankfurt am Main. Auch kleinere Flughäfen bestehen noch in Friedrichshafen und Baden-Oos. Die DELAG legte den Grundstein für die weitere Entwicklung des Luftverkehrs. Die Örtlichkeiten, die dem Luftschiffbetrieb damals einen sicheren und wirtschaftlichen Standort boten, erfüllen auch heute noch diese Bedingungen.

Zeppelin«, durch den Post- und Passagierdienst nach Nord- und Südamerika sehr rentabel war. Durch die Übernahme der Mehrheitsaktien erhielt die Deutsche Lufthansa die Kontrolle über den Passagierverkehr und konnte am 22.3.1935 die neue Deutsche Zeppelin-Reederei (DZR) gründen. Der Hauptsitz der DZR wurde nach Frankfurt am Main verlegt.

Zeppelin Hallenbau GmbH

Die Zeppelin Hallenbau GmbH wurde am 1.5.1913 gegründet, um die speziellen Anforderungen des Luftschiffbaus vor allem an die Hallengröße zu berücksichtigen. Es wurde offensichtlich, dass der Zeppelin und seine Entwicklung eng mit der architektonischen Entwicklung der Hallen verknüpft waren. Da neuere und größere Luftschiffe geplant und gebaut wurden, wurden auch größere Gebäude benötigt, um diese Luftschiffe unterzubringen. Tatsächlich ist kein anderes Transportmittel so unmittelbar von der Schaffung der architektonischen Voraussetzungen abhängig wie der Luftschiffbau.

Graf Zeppelin stand schon bei seiner ersten Halle in Manzell diesem Problem gegenüber. Dornier entwarf bereits 1912 eine drehbare Halle, die allerdings nie errichtet wurde. Es liegt auf der Hand, dass Graf Zeppelin die Notwen-

Hier ist die Vorgehensweise beim Errichten von Luftschiffhallen zu sehen, wie sie von der Zeppelin Hallenbau GmbH umgesetzt wurde.

Von der Zeppelin Hallenbau GmbH errichtete Hallen					
Typ	Standort	Jahr	Länge	Breite	Höhe
Typ I	Dresden (Stadt)	1913	192 m	58 m	35 m
Typ II	Düsseldorf Nr. II	1914	184 m	35 m	28 m
	Dresden Nr. II	1914	184 m	35 m	28 m
	Hannover	1914	184 m	35 m	28 m
	Jüterbog Nr. I	1914	184 m	35 m	28 m
	Mannheim-Sandhofen	1914	184 m	35 m	28 m
	Nordholz Nr. II	1914	184 m	35 m	28 m
	Nordholz Nr. III	1914	184 m	35 m	28 m
	Schneidemühl	1914	184 m	35 m	28 m
	Seddin Nr. I	1914	184 m	35 m	28 m
	Spich	1914	184 m	35 m	28 m
Typ IIb	Friedrichshafen Nr. VI	1914	200 m	35 m	28 m
Typ IIc	Friedrichshafen-Löwenthal	1914	232 m	35 m	28 m
Typ III	Friedrichshafen Nr. VII	1915	235 m	40 m	35 m
Typ IIIb	Staaken Nr. I	1916	240 m	40 m	35 m
	Staaken Nr. II	1916	240 m	40 m	35 m
Typ IV	Ahlhorn Nr. IV	1916	240 m	60 m	35 m
	Düsseldorf Nr. III	1916	240 m	60 m	35 m
	Seerappen	1916	240 m	60 m	35 m
	Wittmund Nr. I	1916	240 m	60 m	35 m
Sonderbau	Ringhalle in Staaken	1916			

digkeit einer Firmengründung im Hinblick auf die beim Bau der Hallen nötigen statischen Anforderungen und natürlich die Kosten erkannte. Es scheint, dass die Zeppelin Hallenbau GmbH ihre erste Halle in Dresden errichtete. Ihre ungewöhnlichen muschelförmigen Tore waren ihrer Zeit weit voraus. Erst in den 1930er-Jahren wurde dieser Baustil zum Standard. Die ähnlich gestaltete, gigantische CargoLifter-Halle in Brand bei Berlin entstand erst 90 Jahre später. Im Ersten Weltkrieg verlangte das deutsche Militär Luftschiffhallen, die mit einer Mannschaft

von 200 bis 300 unerfahrenen Arbeitern unter der Leitung einer geringen Anzahl ausgebildeter Ingenieure ohne Baugerüst innerhalb von vier bis sechs Monaten errichtet werden konnten. Bei der Standortwahl einer Zeppelinhalle mussten folgende Kriterien berücksichtigt werden: die vorherrschende Windrichtung, ein flaches Gelände ohne Hindernisse, nahe gelegene Kasernen und ein Bahnanschluss für den Transport des Baumaterials sowie die spätere Gasversorgung. Diese militärischen Anforderungen wurden von der Zeppelin Hallenbau GmbH durch drei verschiedene Hallentypen erfüllt. Alle diese Hallen wurden in einem kurzen Zeitraum, aber an unterschiedlichen Standorten gebaut: zwölf kleine Einzelhallen, drei kleine und vier große Doppelhallen.
Die Firma bestand ausschließlich aus einem Konstruktionsbüro mit Ingenieuren und Architekten. Sie setzte weitgehend auf Subunternehmer, wie Lieferanten für Baumaterialien, Stahlträger und Fenster. Immerhin war die Zeppelin Hallenbau GmbH sehr erfolgreich und errichtete mehr Hallen als irgendeine andere Firma. Von den 101 Luftschiffhallen, die in Deutschland gebaut wurden, war die Zeppelin Hallenbau GmbH für 21 verantwortlich. Sie war aber die kleinste Firma, denn die Ballonhallenbau GmbH in Berlin-Johannisthal hatte etwa 540 Mitarbeiter, die Gutehoffnungshütte in Oberhausen rund 200 und die Maschinenfabrik Augsburg-Nürnberg (MAN) ungefähr 120. Diese Firmen waren aber auch für den Bau der Luftschiffhallen als Zulieferer tätig. Über die Firma Seibert gibt es keine weiteren Unterlagen, doch sie errichtete insgesamt 20 Hallen.
Die Hallenbaufirma war für den Zeppelin-Luftschiffbau äußerst wichtig: sowohl unter architektonischen als auch unter technischen Aspekten. Die Zeppeline waren empfindlich, und für Reparaturarbeiten wurde eine Halle benötigt. Viele Luftschiffprojekte misslangen wegen architektonischer Fehler, die sich sogar in der heutigen Zeit wiederholt haben.

Baron Max von Gemmingen meldete sich freiwillig zum Dienst, als der Erste Weltkrieg ausbrach, und erreichte den Rang eines Oberst. Angeblich hat er zusammen mit Kapitän Ernst Lehmann das Konzept des Spähkorbs für Aufklärungsaufträge von Bord des Zeppelins aus entworfen. Er wurde später Kommandant von LZ 25 (Z-IX) und SL 21. Er war ein erfahrener Luftschiffer, der auch Graf Zeppelin mit Rat und Tat zur Seite stand.

Baron Max von Gemmingen (1868–1949). Er hatte die Idee des Spähkorbs für die Kriegszeppeline.

Die riesige Luftschiffhalle, die in Brand bei Berlin gebaut wurde (sie überdacht eine Fläche von neun Fußballfeldern und wurde im Jahre 2000 fertiggestellt), war trotz ihrer Größe für die geplanten CargoLifter zu klein. Auch die enormen Baukosten haben die weitere Entwicklung des CargoLifters gestoppt und das Kapital der Aktiengesellschaft quasi verbrannt.
Neben den großen Hallengebäuden wurden auch kleine Reparaturwerkstätten für die Reichsbahn, Werkstätten für verschiedene Industriezweige sowie die Anlagen für die Wasserstoffproduktion gebaut. Die Büros der Zeppelin Hallenbau GmbH befanden sich auf dem Kurfürstendamm 13, mitten in Berlin. Das Gebäude wurde während des Zweiten Weltkriegs zerstört, aber wahrscheinlich war die Firma schon vorher aufgelöst worden.

Letzter Großflugzeugtyp der Flugzeugbau Friedrichshafen GmbH. Die Friedrichshafen G.V (Werksbezeichnung FF-55) hatte ihren Erstflug am 9. Mai 1918. Hier vor der Luftschiffhalle in Friedrichshafen-Löwenthal fotografiert.

Gesellschaften des Flugzeugbaus

Ferdinand Graf von Zeppelin notierte schon am 18.11.1897 in seinem Tagebuch Folgendes: »Gelänge es jedoch, Flugmotoren mit genügender Betriebssicherheit herzustellen, so würden diese vor Ballonfahrzeugen die Vorteile außerordentlicher Geschwindigkeit und der Unabhängigkeit von dem Wechsel der Wärme und der absoluten Höhe bei ihren Fahrten voraus haben.«

Es scheint wahrscheinlich, dass Ludwig Rüb im Jahre 1898 Geld von Graf Zeppelin bekam, um ein Schaufelradflugzeug zu entwerfen und bauen zu lassen. Der Sohn eines Schuhmachers begeisterte sich ab seinem 16. Lebensjahr für Technik und konstruierte 1895 ein Dreirad mit Motor für die Motorradfabrik Hildebrandt & Wolfmüller. Somit ist Ludwig Rüb der erste Flugzeugbauer am Bodensee. Schon kurz nach Beginn der Zusammenarbeit kam man an die Grenzen der damaligen technischen Möglichkeiten, und die Kooperation mit Zeppelin wurde am 4.4.1902 beendet. Dennoch half Rüb einige Zeit später bei der Entwicklung eines effizienteren Propellers für Luftschiffe.

Mitte April 1910 gab es noch ein zweites kleines Projekt von Graf Zeppelin und Leutnant Hans Coler, dessen Flugzeug durch die Zeppelin-Stiftung finanziell unterstützt wurde. Es entstand ein Eindecker, doch das Ergebnis war enttäuschend. Daher beendete Zeppelins Neffe, Max von Gemmingen, die Zusammenarbeit 1912. Das Flugzeug »Coler II« befand sich auf dem Flugplatz Berlin-Teltow und wurde verschenkt. Auch wenn die Flugzeugprojekte am Anfang nicht den gewünschten Erfolg hatten, so waren sie für spätere Projekte nützlich. Mit Beginn des Ersten Weltkriegs im August 1914 wurden zwei Projekte wieder aufgenommen: Claude Dornier wurde mit dem Bau von großen Wasserflugzeugen beauftragt, und Direktor Colsman leitete die Versuchsbau GmbH in Gotha, in der die Entwicklung der R-Flugzeuge vorangetrieben wurde.

Flugzeugbau Friedrichshafen GmbH

Theodor Kober arbeitete schon seit dem Mai 1892 mit Ferdinand Graf von Zeppelin zusammen und leistete einen großen Beitrag zum Entwurf von LZ 1. Er wurde am 13.2.1865 in Bad Cannstatt als drittes von elf Kindern ge-

boren. Sein Vater Friedrich besaß zwei Leinenwebereien in Weikersheim. Nach dem Abitur absolvierte er ein Jahr Militärdienst beim 125. Infanterie-Regiment. Nach dem Studium am Polytechnikum Stuttgart arbeitete er ab 1892 für die Ballonfabrik Riedinger in Augsburg, wo er auch Graf Zeppelin kennenlernte.

Von 1907 bis 1912 versuchte er, neben dem Luftschiffbau den Flugzeugbau voranzutreiben. Kober war voller Ideen, die bei Graf Zeppelin nicht immer auf Wohlwollen stießen. Er wollte aber den gut ausgebildeten Techniker und Ingenieur nicht verlieren, sodass er mit ihm am 17.6.1912 die Flugzeugbau Friedrichshafen GmbH gründete. Theodor Kober wurde die Nutzung der alten Zeppelinhalle in Manzell kostenlos ermöglicht, und gleichzeitig erhielt er von Graf Zeppelin und dem Fabrikanten Rudolf Chillingworth aus Nürnberg ein Startkapital von 372 000,- Mark.

Um ein Flugzeug zu konstruieren, muss man es auch fliegen können. Im Alter von 47 Jahren ging Kober nach Berlin-Johannisthal, zur damaligen Zeit eine Hochburg der Fliegerei. Am 24.5.1912 erwarb er seine Pilotenlizenz (Nr. 217) auf einem Albatros-Doppeldecker. Bei der Gründung des Flugzeugbau Friedrichshafen (FF) standen Kober 15 Mitarbeiter zur Verfü-

Während des Ersten Weltkriegs lieferte die Flugzeugbau Friedrichshafen GmbH gut die Hälfte aller Seekampfflugzeuge, die über der Nord- und Ostsee zum Einsatz kamen.

Von 1914 bis 1918 produzierte Flugzeugbau Friedrichshafen über zwanzig unterschiedliche Typen von Wasserflugzeugen für den Kampf über See. Vom abgebildeten Modell FF-33 wurden allein 487 Stück gebaut.

gung, und das Betriebsgelände bestand aus drei kleinen Holzhütten, die in der Nähe der leeren Luftschiffhalle von Manzell standen.
Das erste Flugzeug, das die Firma baute, war kein eigener Entwurf, sondern eine Kopie des Curtiss A-1 Wasserflugzeugs. Der Pilot, Kohnert, zerstörte das Flugzeug beim Testflug. Wichtig für Wasserflugzeuge waren die dynamischen Eigenschaften der Schwimmer, eine wesentliche Voraussetzung für gelungene Starts und Landungen. An ihnen führte Kober viele Experimente durch. In der Zwischenzeit baute Kober das erste Wasserflugzeug, das widerstandsfähig genug für Landungen auf See sein sollte. FF-1 wurde ein leistungsfähigeres Flugzeug als die Curtiss, die nur 100 PS hatte. Der Jungfernflug fand im November 1912 mit Pilot Robert Gsell am Steuer statt.

Die Nationale Flugspende wurde während der allgemeinen Luftfahrtausstellung (3.–14.4.1912) nach einer Eröffnungsrede von Prinz Heinrich von Preußen ins Leben gerufen. Bis Ende 1912 hatte die Spendenaktion 7,5 Millionen Reichsmark eingebracht. Diese Gelder wurden teilweise an verschiedene Flug- und Industriebetriebe verteilt, um Forschung und Entwicklung im deutschen Flugzeugbau weiter zu fördern.

Die Flugzeugbau Friedrichshafen GmbH wurde von der Nationalen Flugspende gefördert. Es folgte am 11.8.1913 die Gründung einer eige-

Versuchs-Vierdecker FF-54. Vom Flugzeugbau Friedrichshafen als Jagdeinsitzer »Kampfjäger D II« geplant, verunglückte der Prototyp 1918 bei einem Testflug.

nen Flugschule mit Robert Gsell als Ausbilder. Die Veranstaltung »Bodensee-Wasserflug« fand zwischen dem 29.6. und dem 5.7.1913 statt. Die Firma FF ließ zwei Wasserflugzeuge gegen eine Albatros, eine Aviatik, eine Otto, eine Ago und eine Gotha antreten. Leider konnte man nur den zweiten und dritten Platz in einigen Kategorien belegen, doch war das deutsche Militär trotzdem vom Flugzeug FF-9 beeindruckt. Am 2.9.1913 stellte dieses Wasserflugzeug mit drei Passagieren an Bord einen Flugrekord von drei Stunden und 11 Minuten auf.

Das Reichsmarineamt (RMA) erteilte einen Auftrag, das Wasserflugzeug FF-11 in seiner Leistung mit den Flugzeugen von Herstellern wie Albatros, Oertz, AEG, Rumpler und sogar Curtiss (USA), Sopwith (England) und Lohner (Österreich) zu vergleichen. Zwischen Mai und Juli 1914 stellte das Flugzeug seine Fähigkeiten unter Beweis, und das deutsche Militär bestellte fünf weitere Flugzeuge des Folgemodells FF-19. Während des »Bodensee-Wasserflugs 1914« stellte die Firma Flugzeugbau Friedrichshafen das Modell FF-17a mit nur einem Schwimmer vor. Am Entwurf von FF-17 arbeitete Paul Jaray mit, wobei er hauptsächlich für den Propellerbau zuständig war. Der Personalbestand wurde bis zum Ersten Weltkrieg 1914 auf 194 Mitarbeiter erhöht, und es wurden noch 36 Wasserflugzeuge geliefert.

Nach der Mobilisierung am 31.8.1914 war vorauszusehen, dass weitere Aufträge für Seeflugzeuge folgen würden. Darunter waren 15 FF-19 mit 100 PS starken Mercedes-Motoren, gefolgt von 44 FF-29. Am 15.1.1915 war die FF-29 das erste Flugzeug, welches von einem

Die FF-33 wurde verbessert und schließlich unter der Bezeichnung FF-39 bekannt. Es wurden 14 Stück produziert. Die FF-49 ersetzte dieses Flugzeug und wurde 265-mal gebaut. Von der FF-59 wurden zwei Flugzeuge gebaut, und es erfolgte eine Weiterentwicklung zur FF-59c. Dieses Modell wurde bis 1918 20-mal gebaut. Eine Reihe von Torpedo-Wasserflugzeug-Prototypen wurde ohne befriedigende Ergebnisse erprobt.

U-Boot (U-12) aus gestartet wurde. Die Firma war schnell in der Lage, acht Flugzeuge pro Monat fertigzustellen. Doch der Einsturz der Flugzeughalle am 15.2.1916 verhinderte die groß angelegte Produktion von Flugzeugen. Populär bei Marinepiloten waren die FF-33, von der 376 Stück gebaut wurden, und die FF-33e, auch bekannt als »Wölfchen«. Dieses Marineflugzeug Nr. 841 wurde am 11.11.1916 fertiggestellt und an Bord des kleinen Hilfskreuzers und Minenlegers »SMS Wolf« eingesetzt.

Während des Kriegs erweiterte die Firma ihre Produktion und baute eine zweite Fabrik in Warnemünde in der Nähe von Rostock. Kurz nach dem Grundstückserwerb am 1.5.1916 begann schon im Sommer 1917 die Produktion von Schwimmern und Flügeln. Geleitet wurde der Betrieb von Dipl.-Ing. Karl Adolf Hugo Max Grulich (3.9.1881–29.7.1949), der am 29.12.1910 die deutsche Pilotenlizenz Nr. 46 erhalten hatte.

Insgesamt 50 FF-49c-Flugzeuge wurden in Warnemünde fertiggestellt. Es war beabsichtigt, das ganz aus Metall bestehende Wasserflugzeug FF-66 dort zusammenzubauen, aber der Krieg endete vor Beginn der Produktion. Die FF-66 war eine Weiterentwicklung der FF-63. Dieses Flugzeug besaß eine Außenhaut aus Segeltuch, die auf einen Stahlrohrrahmen gespannt war. Es wurde nur ein Prototyp gebaut.

Neben den Wasserflugzeugen wurden gleichzeitig Flugzeuge für das deutsche Heer gebaut, beispielsweise große Bomber. Im Herbst 1915 wurde FF-36, auch bekannt als Friedrichshafen G-I, von Karl Gehlen entwickelt. Der Testflug erfolgte am 27.10.1915. Das Flugzeug hatte eine Flügelspannweite von 21,2 m und besaß zwei 150-PS-Motoren und ein Gesamtgewicht von 2785 kg. Später wurde es mit zwei 200 PS starken Benz-Bz-IV-Motoren ausgestattet; die Bezeichnung lautete FF-38 bzw. Friedrichshafen G-II. Dieses Flugzeug konnte mit einem Gesamtgewicht von 3170 kg, davon 990 kg Bomben, starten. Insgesamt wurden neun G-II gebaut. Danach entstand die FF-45 (Friedrichshafen G-III), die eine Nutzlast von 1424 kg Bomben tragen konnte und erstmalig ein Funkgerät besaß. Dieser Entwurf ging unter Lizenz der Hanseatischen Werke Karl Caspar AG in Hamburg in Serienproduktion.

Zwischen 1916 und 1918 baute das Hanseatische Flugzeugwerk Karl Caspar hauptsächlich andere Flugzeuge unter Lizenz. Ernst Heinkel (24.1.1888–30.1.1958) war Chefingenieur. 1918 ging die Firma nach Travemünde, wo 1921 die Caspar Werke AG entstanden ist. Heinkel gründete 1922 sein eigenes Unternehmen in Rostock-Warnemünde. Interessant ist, dass Heinkel als Student das Zeppelinunglück von Echterdingen miterlebt hat, was ihm verdeutlichte, dass die Zukunft der Luftfahrt das Flugzeug sei.

Kober modernisierte die G-III, und es entstand die FF-55 (Friedrichshafen G-V). Obwohl diese Flugzeuge bis zu einer Höhe von 7000 m aufsteigen konnten, wurden sie abgelehnt. Stattdessen ging Gotha G-VII in Produktion. Kober war mit dem Entwurf von FF-61 erfolgreich, auch bekannt als Friedrichshafen G-IV. Die ursprüngliche Ausführung von G-IV, von der 35 Stück gebaut wurden, konnte mit zehn 100-kg-Bomben bestückt werden. Die G-IVa wurde modifiziert, um eine einzelne 1000-kg-Bombe zu transportieren. Es wurden etwa 100 dieser Flugzeuge produziert.

Das alte Manzell-Gelände war für die Entwicklung und Produktion von großen Landbombern nicht geeignet, sodass der Flugzeugbau Friedrichshafen bald ein Gelände in der Nähe von Löwenthal erwarb, auf dem schon Hangars standen. Der Transport durch Friedrichshafen und der Zusammenbau in Löwenthal waren aufwendig und verlangsamten und verteuerten die Entwicklung und Herstellung der Flugzeuge.

Die erste betonierte Startbahn der Welt wurde in Löwenthal gebaut, damit die R-Flugzeuge mit ihrem großen Gewicht starten konnten. Die Bahn war als Starthilfe gedacht, um zu verhindern, dass die Flugzeuge im feuchten Boden einsanken.

Bis 1917 war der Flugzeugbau Friedrichshafen am Bodensee der Arbeitgeber von mehr als 1500 Mitarbeitern. Am 13.4.1918 wurde das Werk in Manzell durch ein Feuer zerstört. Theodor Kober weilte an diesem Abend in Berlin. Nach seiner Rückkehr begann er sofort mit dem Wiederaufbau, aber bis Kriegsende konnten nur wenige Gebäude fertiggestellt werden. Obwohl die Mitarbeiterzahl bis 1918 auf mehr als 3200 stieg, war man nicht in der Lage, die große Kriegsnachfrage zu erfüllen.

Während des Ersten Weltkriegs hat der Flugzeugbau Friedrichshafen über 40 Prozent der eingesetzten Wasserflugzeuge geliefert und spielte eine entscheidende Rolle bei der Entwicklung der großen Bomber. Insgesamt beruhten 61 Prozent der Bomber des deutschen Heeres auf Entwürfen von Ing. Theodor Kober.

Kober versuchte, die Flugzeugbaufirma nach Kriegsende zu retten, indem er Schiffe, Möbel, landwirtschaftliche Maschinen und alles im Nachkriegsdeutschland Nötige baute, um sich auch an die Vorgaben des Versailler Vertrags zu halten.

Im Verborgenen begann Theodor Kober allerdings mit einigen seiner engsten Vertrauten, an einem Ganzmetallflugzeug-Entwurf zu arbeiten. Das sorgte bei den anderen Tochtergesellschaften des Zeppelin-Konzerns für Unruhe, sah man darin doch eine Konkurrenz zu den Flugzeugen von Dornier oder Flugzeugbau Staaken. Theodor Kober verließ schließlich aus Mangel an Unterstützung die Firma Flugzeugbau Friedrichshafen.

Die Fabrik in Warnemünde wurde im Sommer 1920 von der Dino-Automobilwerke AG Charlottenburg übernommen. Die Manzeller Anlage wechselte bis August 1920 des Öfteren den Besitzer und wurde dann von Dornier übernommen, um die Produktion aus Seemoos zurück nach Friedrichshafen zu holen. Der letzte Teil des Flugzeugbaus Friedrichshafen, die Maschinen- und Schiffbau GmbH, ging kurze Zeit später in Konkurs.

Kober arbeitete dann für die Casper-Werke in Travemünde, wo ein kleiner Zweisitzer entstand: das erste Passagierflugzeug im Nachkriegsdeutschland.

Er verlor sein privates Vermögen durch die Inflation von 1923 und wurde mittellos. Hugo Eckener persönlich wies die Luftschiffbau Zeppelin GmbH an, Kober eine kleine Pension zu bewilligen.

Überblick der Flugzeugproduktion des Flugzeugbaus Friedrichshafen						
Typ	Bauweise	Datum	Motortyp	Gebaut	PS	Gewicht
FF-1	Wasserflugzeug	1912	Argus	1	1 × 100	972 kg
FF-2	Wasserflugzeug	1913	Octlikon	1	1 × 50	–
FF-4	Wasserflugzeug	1913	Argus	1	1 × 65	–
FF-8	Wasserflugzeug	1913	Argus	1	1 × 65	–
FF-9	Wasserflugzeug	1913	NAG	1	1 × 135	1250 kg
FF-11	Wasserflugzeug	1913	Testflug nicht bestanden NAG	1	1 × 135	1500 kg
FF-15	Wasserflugzeug	1914	NAG	1	1 × 135	1500 kg
FF-17a	Wasserflugzeug mit einem Schwimmer	1914	NAG	1	–	–
FF-17b	Wasserflugzeug mit zwei Schwimmern	1914	NAG		–	–
FF-19	Wasserflugzeug	1914	Daimler D I	16	1 × 105	1160 kg
FF-21	Wasserflugzeug	1914	Benz Bz III	1	–	–
FF-27	Wasserflugzeug	1914	NAG	1	1 × 135	1100 kg
FF-29	Wasserflugzeug	1914	Daimler D II	44	1 × 120	–
FF-29a	Wasserflugzeug	1914	Daimler D II		–	–
FF-30	Bomber (G-I)	1915	Benz Bz III	1	2 × 150	
FF-31	Aufklärungs-Wasserflugzeug (C) (2 gebaut)	1915	Maybach IR [1)]	1	1 × 160	1530 kg
FF-33 und FF-33a	Aufklärungs-Wasserflugzeug	1915	Daimler D II	12	1 × 120	1600 kg
FF-33b	Wasserflugzeug	1915	Maybach IR [1)]	5	1 × 160	1655 kg
FF-33e	Wasserflugzeug	1915	Benz Bz III	188	1 × 150	1635 kg
FF-33f	Kampf-Wasserflugzeug	1915	Benz Bz III	5	–	–
FF-33h	Kampf-Wasserflugzeug	1916	Benz Bz III	45	–	–
FF-33j	Aufklärungs-Wasserflugzeug	1916	Benz Bz III	60	–	–

Typ	Bauweise	Datum	Motortyp	Gebaut	PS	Gewicht
FF-33k	Wasserflugzeug	1916	Benz Bz III Daimler D IIIa	1	–	1370 kg 1370 kg
FF-33l	Wasserflugzeug (C-I Landflugzeugversion)	1916	Benz Bz III	141 1	–	1370 kg
FF-33s	Wasserflugzeug (Ausbildung)	1916	Benz Bz III	30	–	–
FF-34	Wasserflugzeug	1915	Maybach [2)]	1	1 × 240	–
FF-35	Bomber	1916	Daimler D III	2	2 × 200	3543 kg
FF-36	Bomber (G-I)	1915	Benz Bz III	1	–	1778 kg
N 1	Experimental- Nachtbomber	1917	Daimler D IVa	1	1 × 260	–
FF-37	Kampfjäger	–	Benz Bz III	1	–	–
FF-38	Bomber (G-II)	1916	Benz Bz IV	18 (30 × Daimler)	2 × 200	3150 kg
FF-39	Aufklärungs-Wasserflugzeug	–	Benz Bz IV	14 gesamt	200	–
FF-39c	Wasserflugzeug	1915	Benz Bz III		–	2100 kg
FF-40	Doppeldecker	1916	Maybach [2)]	1	240	2540 kg
FF-41a	Bomber	–	Benz Bz III	1	2 × 150	3670 kg
FF-41at	Torpedo-Bomber	–	Benz Bz III	8	2 × 150	–
FF-43	Wasserflugzeug (Kampfjäger)	1916	Daimler D III	1	–	1080 kg
FF-44	Experimentalflugzeug	1915	Maybach [2)]	1	240	–
FF-45	Bomber (G-III)	1917	Daimler D IVa	309 [4)]	260	3930 kg
	(G-IIIa)	1919	–	100 [4)]	–	–
FF-46	Kampfjäger (D-I)	1916	Daimler D IIIa	3	–	665 kg
FF-48	Wasserflugzeug (Kampfjäger)	1917	Maybach	3	–	–
FF-49b	Wasserflugzeug (Kampfjäger)	1917	Benz Bz IV	25	220	2135 kg
FF-49c	Wasserflugzeug (Aufklärung)	1917/18	Benz IV	235 (ohne Lizenzen)	1 × 200	2135 kg

Typ	Bauweise	Datum	Motortyp	Gebaut	PS	Gewicht
FF-53	Wasserflugzeug	1918	Daimler D IVa	3	260	–
FF-54	Kampfjäger (D-II)	1918	Daimler D IIIa (verunglückte beim Testflug)	1	–	–
	(D-V-Experimental)	–	–		–	–
FF-55	Experimentalflugzeug (G-V) 3)	1918	Daimler D IVa	3	2 ×	–
FF-59 a–c	Experimentalflugzeug (umgebaut zur FF-39)			20		
FF-60	Wasserflugzeug (Dreidecker)	–	Daimler D IVa	1	4 ×	–
FF-61	Bomber (G-IV)	1918	–	100 5)	–	–
	(G-IVa) umgebaut für eine 1000-kg-Bombe	1918			–	–
FF-62	Bomber		Mercedes D IVa	1	2 × 260	
FF-63	Experimental-Wasserflugzeug	1918	Benz Bz IV	1	1 × 200	–
FF-64	Wasserflugzeug (Aufklärung)	1918	Daimler D III	3 bestellt	–	–
FF-66	nicht fertiggestellt					
FF-67	Wasserflugzeug	1918	Daimler D IVa	1	–	–
FF-71a	Wasserflugzeug 6)	1919	Benz Bz IV	6	1 × 200	–
FF-71b	Wasserflugzeug 6)	1918	Benz Bz IV		–	–

1) Vermutlich eine Version vom Maybach DW oder Mb III.
2) Wahrscheinlich Maybach Mb IV.
3) Ähnlich G-IIIa, aber kürzer.
4) Hinzu kamen 160 von den Daimler Werken gebaute G-III und 75 von den Hanseatischen Flugzeugwerken gebaute G-III. Vom Typ G-IIIa haben Daimler weitere 70 und die Hanseatischen Flugzeugwerke 20 gebaut.
5) Daimler baute 35 G-IV in Lizenz.
6) Die Modelle FF-71a und FF-71b wurden 1919/20 von der Deutschen Luftreederei als Passagierflugzeuge genutzt.

Heinrich Lübbe (12.1.1884–14.3.1940) kaufte 1921 die Gebäude und den Maschinenpark der Flugzeugbau Friedrichshafen GmbH und begann 1924 mit dem Bau von Flugzeugen für den Export. Zusätzlich kaufte er auch das Dino-Automobilwerk in Warnemünde, aus dem später die Arado Handelsgesellschaft mbH hervorging.
Seine erfolgreichen Firmen wurden von den Nationalsozialisten beschlagnahmt, da Heinrich Lübbe nicht bereit war, in die Partei einzutreten. Die Firma wurde danach unter dem Namen Arado GmbH Flugzeugwerke geführt. Sie baute und entwickelte während des Zweiten Weltkriegs zahlreiche Flugzeuge. Die Ar-66 und die spätere Ar-96 wurden zum Standardschulungsflugzeug der deutschen Luftwaffe. Das erste Kampfflugzeug, die Ar-68, wurde nach der Aufkündigung des Versailler Vertrags gebaut. Es kam bei der Luftwaffe zum Einsatz.

Dornier

Die bemerkenswerte technologische Nutzung von Aluminium in der Flugzeugproduktion wurde von Dipl.-Ing. Claude Dornier umgesetzt. Er kam im Jahre 1910 als Ingenieur zur Luftschiffbau Zeppelin GmbH und arbeitete an

Plänen zur Verbesserung von Metallprofilstärken. Im Mai 1911 begann Dornier, Flansche zu untersuchen, um die Stabilität der Aluminium-Winkelprofile zu erhöhen. Im Januar 1914 wurde eine neue Abteilung innerhalb des Luftschiffbaus mit Claude Dornier als leitendem Ingenieur gegründet. Im Mai des gleichen Jahres wurde diese Abteilung in Luftschiffbau Zeppelin GmbH, Abt. Do, umbenannt.
Mit dem Ausbruch des Kriegs entschied sich Ferdinand Graf von Zeppelin, Versuche zur Entwicklung von Flugbootmodellen durchzuführen. Bei Seemoos in der Nähe von Manzell errichtete Zeppelin eine große Flugzeugwerfthalle, und dort begann Dornier, sein Wissen über Aluminiumprofile im Flugzeugbau umzusetzen. Dornier entwickelte das erste Flugzeug, dessen Gerüst vollständig aus Aluminium bestand.
In Seemoos entstand eine Reihe großer Flugboote. Das Modell Rs-I wurde vor dem Testflug am 22.12.1915 zerstört. Rs-II bestand am 30.6.1916 einen Testflug erfolgreich und war damit das erste selbsttragende Flugboot. Der Name der Firma wurde in Zeppelin Werk Lindau GmbH geändert, und zwei weitere Modelle, Rs-III und Rs-IV, wurden vor Kriegsende fertiggestellt.
Der Standort Lindau entstand im Sommer 1916 durch den günstigen Kauf der stillgelegten Lastwagenfabrik des Arboner Konzerns Saurer. Saurer hatte die Fabrik 1910 bauen lassen, und 1915 war die Firma durch MAN übernommen worden. In den alten Montagehallen und Büros konnte die Arbeit sofort beginnen. 1917 kamen

Fliegerblick auf die Dornier-Werft in Manzell bei Friedrichshafen Anfang der 1930er-Jahre.

Riesenflugboot Rs-IV Mitte 1918. Im Auftrag von Graf Zeppelin von Claude Dornier entworfen und weiterentwickelt, hatte es eine Spannweite von 37 Metern und eine Länge von 22,78 Metern.

ein neues Fabrikgebäude und eine Halle hinzu. Die Zeppelin Werk Lindau GmbH hatte neben der Luftschiffbau Zeppelin GmbH die AEG, die HAPAG und die Metallbank als Gesellschafter. Claude Dornier wurde Geschäftsführer.

1921 gründete Colsman mit der Unterstützung von AEG-Chef Walther Rathenau (29.9.1867–24.6.1922) die Aero-Union AG. Diese Firmengründung diente dazu, Dornier-Flugzeuge für eine Fluggesellschaft zu kaufen, wie es ähnlich die DELAG mit den Zeppelinen getan hatte. Zwei Jahre später wurde die Aero-Union mit der Lloyd-Gruppe zusammengeschlossen, und es entstand die Deutsche Aero Lloyd AG. 1926 gab es eine Fusion mit der Junkers Luftverkehr AG, aus der die Deutsche Lufthansa AG entstand. Alfred Colsman war nicht nur der Mitbegründer, sondern saß auch im Aufsichtsrat.

Der Mangel an Arbeitskräften und die Wohnungsknappheit am Bodensee führten dazu, dass 1916 die Produktion der Flugzeugteile für kurze Zeit nach Ravensburg ausgelagert wurde. 1918 kam das Zeppelin-Werk Österreich in Hörbranz/Vorarlberg hinzu. Auch dort wurden Flugzeugteile hergestellt.

Zweifellos hatte Dornier das Konzept der Zeppelinkonstruktion erfolgreich beim Flugzeugbau umgesetzt und die folgenden Verbesserungen entwickelt:

- Alle verstärkenden Bauteile bestanden aus Metall (Stahl oder Aluminium), abhängig von der jeweiligen Belastung.
- Die Profile, die aus gerollten Blechen bestanden, mussten den durch Wasser und Luft auf sie ausgeübten Belastungen standhalten.
- Alle Bauteile mussten mit Nieten oder Schrauben verbunden werden.

Die ganz aus Metall hergestellte Cl-I absolvierte ihren ersten Probeflug am 3.11.1917. Das deutsche Heer lehnte die Produktion jedoch nach längeren Tests am 18.3.1918 ab. Eine Serienproduktion der Cl-II, deren Probeflug am 17.8.1918

Prototyp eines Jagdflugzeugs aus der »Abteilung Do« der Zeppelinwerke. Der Jäger Do V-1 blieb ein Versuch von Claude Dornier.

stattfand, wurde Anfang 1918 in Staaken aufgenommen. Die bestellte Stückzahl wurde jedoch nie erreicht.

Die D-I, ein Jagdflugzeug, bestand aus einer selbsttragenden Glattblechhülle und erreichte wahrscheinlich eine Geschwindigkeit von etwa 200 km/h. Oberleutnant Reinhard starb beim Testflug im Juli 1918, als der obere Flügel abbrach. Das nächste Testflugzeug wurde mit einem BMW-Motor ausgestattet, doch die Ergebnisse waren immer noch nicht zufriedenstellend.

Der Wettbewerb zwischen den deutschen Flugzeugbauern war hart, und zahlreiche Versuchsmodelle der D-I wurden von AEG, Albatros, Caspar (Hanseatische Flugzeugwerke), DFW, Euler, Fokker, Flugzeugbau Friedrichshafen, Halberstadt, Kondor, LFG Roland, Rumpler, Schütte-Lanz und Siemens-Schuckert gebaut. Die LFG Roland D-I wurde in einer kleinen Stückzahl gefertigt, den erfolgreichsten D-I-Entwurf baute Siemens-Schuckert etwa 250-mal.

Dornier war bei Kriegsende durch seine fortschrittliche Technologie seiner Zeit weit voraus und beeinflusste die Flugzeugentwicklung der kommenden Jahre. Was früher aus Holz und Draht gebaut wurde, entstand jetzt aus Metall. Damit hatte Dornier den Grundstein für die moderne Flugzeugentwicklung gelegt.

Die Firma Dornier belieferte auch die Deutschen Flugzeugwerke Leipzig und den Flugzeugbau Friedrichshafen mit von ihr hergestellten Teilen. Am 4.2.1918 erteilte Professor Junker einen Auftrag über drei Schwimmer für das Wasserflugzeug J-18, an dem gerade gearbeitet wurde. Dieser Entwurf wurde im November 1922 modifiziert an die Sowjetunion verkauft. Bekannt als Modell J-20, belief sich die Produktion auf etwa 20 Stück. Allein im April 1917 wurden von der Firma Dornier 20 000 kg Aluminiumprofile für den Zeppelin Luftschiffbau hergestellt.

Nach dem Versailler Vertrag kam es am 20.1.1922 wieder zu einer Änderung des Firmennamens. Aus Zeppelin Werk Lindau wurde Dornier-Metallbauten GmbH (DMG). Nur knapp 20 Angestellte und 60 Facharbeiter befanden sich zu dieser Zeit noch an Dorniers Seite.

Von Dornier zwischen 1915 und 1918 gebaute Flugzeuge					
Typ	Zweck	Jahr	Motoren	PS	Gewicht
Rs-I	Flugboot [1]	1915	Maybach [3]	3 × 240 PS	9500 kg
Rs-IIa	Flugboot [1]	1916	Maybach [3]	3 × 240	9400 kg
Do V-1	Jagdflugzeug [1]	1916	Mercedes	1 × 160	–
Rs-IIb	Flugboot [1]	1916	Maybach [3]	4 × 240	9158 kg
Cl-I	Aufklärungsflugzeug	1917	Mercedes	1 × 160	1068 kg
Rs-III	Flugboot [1]	1917	Maybach [3]	4 × 240	10 670 kg
Cs-I	Jagd-Seeflugzeug	1918	Benz	1 × 195	1425 kg
D-I	Jagdflugzeug [2]	1918	Mercedes D III Benz BMW III	1 × 160 1 × 195 1 × 185	– – –
Cl-II	Aufklärungsflugzeug	1918	Mercedes	1 × 160	1070 kg
Rs-IV	Flugboot [1]	1918	Maybach	4 × 270	10 600 kg

1) Experimentelle Entwürfe.
2) Die D-I war der erste selbsttragende Doppeldecker und bestand ganz aus Metall, ohne Stützen zwischen oberem und unterem Flügel.
3) Wahrscheinlich ein Maybach Mb IV.

Von Dornier zwischen 1919 und 1983 gebaute Flugzeuge					
Typ	Zweck	Jahr	Motor	PS	Gewicht
GS-1 [4]	Verkehrsflugboot	1919	Maybach Mb IVa	2 × 240	4315 kg
Delphin I	Verkehrsflugboot	1920	BMW IIIa	1 × 185	2200 kg
Libelle I	Sportflugboot	1921	Siemens	1 × 55	650 kg
Komet I	Verkehrsflugzeug	1921	BMW IIIa	1 × 155	2120 kg
Komet II	Verkehrsflugzeug	1922	BMW IV	1 × 250	2200 kg
Libelle II	Sportflugboot	1922	7-Zylinder Siemens 4-Zylinder Cirrus	1 × 80	750 kg
Wal	Flugboot	1922	Rolls-Royce Eagle	2 × 360	5700 kg
Falke (Land)	Jagdflugzeug	1922	Hispano-Suiza	1 × 300	1200 kg
Falke (Sea)	Jagd-Seeflugzeug	1923	BMW IVa	1 × 250/ 350	1320 kg
Delphin II	Verkehrsflugboot	1924	R-R Falcon III	1 × 260	2525 kg
Do C	Mehrzweckflugzeug	1924	BMW VI und Napier Lion	1 × 460	–

Typ	Zweck	Jahr	Motor	PS	Gewicht
Do D	Aufklärungs-/Torpedo-Wasserflugzeug	1924	BMW VI	1 × 600	2950 kg
Do E	Aufklärungsflugboot	1924	Rolls-Royce Eagle Gnôme-et-Rhône	1 × 360 1 × 420	2600 kg 2860 kg
Komet III	Verkehrsflugzeug Sanitätsflugzeug/ Sanitäts-Wasserflugzeug	1924 1924 / 1925	R-R Eagle IX	1 × 360	3220 kg
Spatz	Sportflugzeug	1924	Bristol Lucifer	1 × 100	800 kg
Wal	Verkehrsflugboot	1924	R-R Eagle IX	2 × 360	5700 kg
Merkur I	Verkehrs-Wasserflugzeug; viele Komet III zur Merkur I umgebaut	1925 1926	BMW VI	1 × 460 / 600	3300 kg 3900 kg
Do N	Militärflugzeug	1926	Napier Lion BMW VI R-R Condor	2 × 475 2 × 500 2 × 650	6300 kg
Superwal	Verkehrsflugboot	1926	R-R Condor	2 × 650	10 500 kg
Superwal	Verkehrsflugboot	1927	Gnôme-et-Rhône Jupiter VI	4 × 525	14 000 kg
Delphin III	Verkehrsflugboot	1928	BMW VI	1 × 450 / 600	3900 kg
Merkur II	Verkehrsflugzeug	1928	BMW VI	1 × 500	4100 kg
Do K-1	Verkehrsflugzeug	1929	Siemens Jupiter VI	1 × 510	4100 kg
Do K-2	Verkehrsflugzeug	1929	Gnôme-et-Rhône Titan	4 × 240	5000 kg
Do X	Verkehrsflugboot	1929	Siemens Jupiter Curtiss Conqueror	12 × 525 12 × 640	48 000 kg 52 000 kg
Do P	Militärflugzeug	1930	Siemens Jupiter	4 × 500	12 000 kg
Do S	Verkehrsflugboot	1930	Hispano-Suiza	4 × 600	16 000 kg
Do C-3	Aufklärungs-Wasserflugzeug	1931	Hispano-Suiza	1 × 725	3300 kg
Do K-3	Verkehrsflugzeug	1931	Walter-Castor	4 × 305	6200 kg
Do 10	Jagdflugzeug	1931	BMW VI	1 × 710	2840 kg
Wal	Verkehrsflugboot	1931	BMW VI	2 × 690	8000 kg

Typ	Zweck	Jahr	Motor	PS	Gewicht
Wal (8,5 t)	Langstreckenflugboot	1931	BMW VI	2 × 690	8500 kg
Do Y	Militärflugzeug	1931	Gnôme-et-Rhône Jupiter 9 Kers	3 × 625	8500 kg
Do C-2a	Aufklärungs-Wasserflugzeug	1932	Hispano-Suiza 12 Nbr	1 × 740	3200 kg
Do F	Frachtflugzeug	1932	Siemens Jupiter	2 × 550	8000 kg
Do 12	Sportflugboot	1932	Gnôme-et-Rhône Titan 5 Ke	1 × 317	1400 kg
Do 13 A/C	Kampfflugzeug	1933	BMW VI	2 × 750	8600 kg
Do 11 D	Kampfflugzeug	1933	Siemens SH 22-B	2 × 650	8200 kg
Wal (10 t)	Langstreckenflugboot	1933	BMW VI	2 × 690	10 000 kg
Do 23 F/G	Militärflugzeug	1934	BMW VI	2 × 735	9200 kg
Do 18 E	Langstreckenflugboot	1935	Jumo 205 C	2 × 600	10 000 kg
Do 14	Transatlantik-Versuchsflugboot	1936	BMW VI	2 × 690	11 400 kg
Do 17 E	Kampfflugzeug	1936	BMW VI	2 × 750	7040 kg
Do 17 F	Aufklärungsflugzeug	1936	BMW VI	2 × 750	7040 kg
Do 19	Kampfflugzeug	1936	Bramo 322 J 2	4 × 715	18 500 kg
Do 17 K	Kampf-/ Aufklärungsflugzeug	1937	Gnôme-et-Rhône 14-K	2 × 870	7000 kg
Do 17 M	Kampfflugzeug	1937	Bramo 323 A	2 × 900	8185 kg
Do 17 R/S	Aufklärungsflugzeug	1937	DB 601 A	2 × 1175	7900 kg
Do 18 D	Aufklärungsflugboot	1937	Jumo 205 C	2 × 600	10 000 kg
Do 18 F	Langstreckenflugboot	1937	Jumo 205 C	2 × 600	11 000 kg
Do 17 P	Aufklärungsflugzeug	1938	BMW 132 N	2 × 865	7625 kg
Do 17 Z	Kampfflugzeug	1938	Bramo 323 P	2 × 1010	8840 kg
Do 24 V/K	Seenotrettungs-Flugboot	1938	Wright Cyclone	3 × 890	12 400 kg
Do 26	Transatlantik-Flugboot	1938	Jumo 205 E	4 × 600	15 000 kg
Do 22	Militär-Wasserflugzeug	1938	Hispano-Suiza 12 Y 21	1 × 880	4000 kg
Do 18 L	Aufklärungsflugboot	1939	BMW 132 M	2 × 960	9500 kg

Typ	Zweck	Jahr	Motor	PS	Gewicht
Do 22	Flugzeug	1939	Hispano-Suiza 12 Y 21	1 × 880	2780 kg
Do 215	Fernaufklärungs-/ Nachtjagd-Flugzeug	1939	DB 601 A	2 × 1100	9500 kg
Do 18 G	Seenotrettungs-Flugb.	1940	Jumo 205 C	2 × 600	10600 kg
Do 26 C	Aufklärungs-Wasserflugzeug	1940	Jumo 205 D	4 × 880	20000 kg
Do 217 A	Kampfflugzeug	1940	Jumo 211 B	2 × 1220	10845 kg
Do 217 E	Kampf-/ Aufklärungsflugzeug	1940	BMW 801A	2 × 1560	16500 kg
Do 24 T	Seenotrettungs-Flugb.	1941	Bramo 323 R 2	3 × 1000	18400 kg
Do 217 J	Jagdflugzeug	1942	BMW 801 L	2 × 1560	15250 kg
Do 217 K	Kampfflugzeug	1942	BMW 801 A	2 × 1560	16850 kg
Do 217 M	Kampfflugzeug	1942	DB 603 A	2 × 1750	16700 kg
Do 217 N	Jagdflugzeug	1942	DB 603 A-1	2 × 1750	13210 kg
Do 217 P	Kampfflugzeug	1943	DB 605 T	2 × 1750	15965 kg
Do 317	Kampfflugzeug	1943	DB 603 B	2 × 1750	19250 kg
Do 335	Jagdflugzeug [5)]	1943	DB 803 A	2 × 1750	9510 kg
Do 25	Verbindungsflugzeug	1955	Elizaide Tigre G-IV-B/1 Continental Q-470-J/1	1 × 150 1 × 225	1100 kg 1350 kg
Do 27	Mehrzweckflugzeug	1956	Lycoming GO-480-B1A6 GSO-480-B Astazou II	1 × 274 1 × 340 1 × 530	1570 kg 1570 kg 1360 kg
Do 29	Experimentalflugzeug	1958	Lycoming GO-480	2 × 270	2350 kg
Do 28 A/B	Mehrzweckflugzeug	1959	Lycoming 0-540 Lycoming IO-540	1 × 255 1 × 290	2450 kg 2670 kg
Do 28 D Skyservant	Mehrzweckflugzeug	1966	Lycoming IGSO-540 A1E	2 × 380	4015 kg
Do 31	VTOL-Experimental-Strahltransporter	1966	R-R Pegasus 5-2 R-R RB-162-4D	2 × 7000 8 × 2000	27500 kg

4) Nach Ende des Ersten Weltkriegs war dieser Typ immer noch in Bau, sodass die Pläne aufgrund des Versailler Vertrags geändert wurden, um ein Passagierflugboot für sechs Personen zu bauen. Dieses Flugzeug wurde der Vorläufer der Flugboote mit dem Namen »Wal«.

5) Die Do 335 wurde am 26.10.1943 nach einer Entwicklungszeit von neun Monaten erfolgreich getestet. Mit einer Geschwindigkeit von 780 km/h ist sie bis heute das schnellste Serienflugzeug der Welt mit Kolbenmotorantrieb geblieben. Etwa 40 Stück wurden fertiggestellt.

Typ	Zweck	Jahr	Motor	PS	Gewicht
TNT	Experimental Transonischer Tragflügel	1979	Garrett TPE331-5	2 × 715	4500 kg
Do 128	Mehrzweckflugzeug	1980	Lycoming IGSO-540 A1E P&W PT6A-110	2 × 380 2 × 400	805 kg 1137 kg
Do 228	Mehrzweckflugzeug	1981	Garrett TPE331-5	2 × 715	5700 kg
Do ATT (Do 22 TT)	Amphibien-Technologieträger	1983	Pratt & Whitney PT 6/A-45 B	3 × 1125	10070 kg

Hanns Klemm (4.4.1885–30.4.1961) wurde bei Claude Dornier im April 1917 als Statiker und Stahlaufbauingenieur eingestellt. Noch im gleichen Jahr wechselte er zu Ernst Heinkels Hansa-Brandenburg-Flugzeugwerken in Briest, wo er bis 1918 blieb. Die nächste Station war der Daimler-Flugzeugbau. Im Jahre 1926 gründete Klemm dann seine eigene Flugzeugfirma in Böblingen, wo er über 600 der berühmten Kl-25-Flugzeuge produzierte. Weitere Modelle wie die Kl-105, 106 und 107 sowie Kl-151 und 152 sind hier entstanden. Nach dem Zweiten Weltkrieg versuchte Klemm, weiter Flugzeuge zu bauen, doch die Firma wurde 1959 liquidiert.

Viele Dornier-Flugzeuge wurden an die Deutsche Aero Lloyd (DAL) verkauft, die später von der Deutschen Lufthansa übernommen wurde. Am 15.4.1925 gelang es, eine Dornier Komet III von Berlin über München nach Mailand zu fliegen. Mit diesem Flug bewies die deutsche Fluggesellschaft, dass sie Passagiere sicher und wirtschaftlich über die Alpen transportieren konnte. Die Komet konnte sechs Passagiere befördern. Die Deutsche Lufthansa wurde am 6.1.1925 gegründet, und durch diesen Zusammenschluss wurden die vorher zur DAL gehörenden Flugzeuge von Dornier, drei Komet II, neun Komet III und vier Dornier Wal, in die Lufthansa-Flotte eingegliedert. 36 Merkur-Flugzeuge wurden zum Rückgrat der neuen Fluglinie.

Ein sehr populäres Flugboot der Lufthansa war die 1929 gebaute Dornier Do X, die auf der ganzen Welt bekannt, aber wirtschaftlich ein Misserfolg war. Die Do X hatte eine 14 Mann starke Besatzung und konnte bequem 66 Passagiere transportieren. Am 21.10.1929 stellte sie einen Rekord mit 169 Passagieren an Bord auf, der erst 20 Jahre später gebrochen wurde.

Wolfgang von Gronau (25.2.1893–17.3.1977) führte 1930, 1931 und 1932 drei Atlantiküberquerungen mit diesem Flugzeug erfolgreich durch. Die Lufthansa setzte am 22.3.1930 das Flugboot Dornier Wal für die Route nach Südamerika ein.

Einen Direktflug, wie wir ihn heute kennen, gab es damals nicht. Post und Passagiere wurden von Berlin nach Las Palmas geflogen und von dort auf einem Dampfer über den Atlantik nach Fernando de Noronha gebracht. Dort wiederum wurden sie von der »Syndicato Condor

Vom Zeppelin-Dornier-Riesenflugboot Rs-III, hier 1917 beim Start, bis zum Dornier-Flugboot vom Typ Wal war noch reichlich Entwurfsarbeit zu leisten.

Start eines Dornier Wal. Das erfolgreichste Verkehrsflugboot der 1920er- und beginnenden 1930er-Jahre begründete den Aufstieg der Dornier Metallbauten GmbH zur Weltmarke.

Fluggesellschaft« (einer Tochtergesellschaft der Lufthansa) abgeholt und mit dem Wal-Flugboot nach Rio de Janeiro geflogen. Dieser Service verkürzte die Reisezeit von Berlin nach Rio auf nur elf Tage.

Der große Erfolg führte zur Nutzung eines ungewöhnlichen Konzepts. Die Dampfer »Westfalen«, »Schwabenland« und später »Ostmark« sowie »Friesenland« wurden mit Katapulten versehen, die den Start der Flugzeuge vom Schiff ermöglichten. Mit diesen Schiffen wurde das größere, 10 t schwere Super-Wal-Flugboot transportiert, sodass die Atlantiküberquerung auf vier Tage verkürzt wurde.

Über 300 Wal-Flugboote wurden gebaut, von denen die Lufthansa 21 Stück erwarb. Weiterhin wurde die Flotte zwischen 1927 und 1928 mit sechs Dornier Super-Wal-Flugbooten vergrößert. Diese Flugboote hatten vier Mann Besatzung und konnten 19 Passagiere transportieren. Beim Ausbruch des Zweiten Weltkriegs waren nur noch zwei Dornier-Wal-Flugboote bei der Lufthansa an der Ostsee im Dienst.

In der Luftschiffhalle in Gotha hatte nur ein Luftschiff Platz. In ihrer Nähe entstanden die Gebäude der Versuchsbau Gotha Ost GmbH (VGO), die Graf Zeppelin 1914 gründete.

Im Rückblick wurden die Hoffnungen nicht erfüllt, die Direktor Colsman in die Tochtergesellschaft Abteilung Dornier gesetzt hatte. Die aufwendigen Entwicklungen und die geringen Produktionszahlen erzielten nur wenig Gewinn.

Der Synergieeffekt, der in den Jahren 1914–1918 zwischen dem Zeppelin- und dem Flugzeugbau entstand, hat jedoch beiden genutzt. Danach musste die Firma Dornier die weiteren Entwicklungen und den Verkauf allein betreiben. Colsman schrieb: »Die Organisationen, welche den Talenten Raum zur Entfaltung bieten, pflegen meist wertvoller als die Talente zu sein, die viel zu oft unter persönlichen Hemmungen leiden und zum Aufbau solider Organisationen selbst nicht immer in der Lage sind« (Colsman 1933). Leider war das Verhältnis zwischen Colsman und Dornier durch zahlreiche schwere Konflikte geprägt.

Der Hauptverkaufserfolg für Dornier, wo um 1980 etwa 10 000 Mitarbeiter beschäftigt waren, wurden nach dem Zweiten Weltkrieg die Do 28, die Do 128 und die Do 228. Dornier wurde 1996 von Fairchild Aviation übernommen, doch infolge der Luftfahrtkrise nach dem 11.9.2001 meldete Fairchild 2002 Insolvenz an.

Zeppelinwerke GmbH Berlin-Staaken

Zu Beginn des Ersten Weltkriegs glaubte Ferdinand Graf von Zeppelin, dass die deutsche Heeresleitung einen Bomber für schwere Bombenlasten benötigte. Drei Männer waren an der Entwicklung eines solchen Flugzeugs interessiert: Graf Zeppelin, Gustav Klein (17.7.1885–8.5.1917) und Robert Bosch (23.9.1861–12.3.1942). Doch Friedrichshafen war nach den vielen neuen Firmengründungen an seine Grenzen gekommen und konnte keine weiteren Grundstücke und Mitarbeiter zur Verfügung

stellen. So bot die Lastwagenfabrik AG in Gotha die Nutzung ihres Fabrikgeländes als Entwicklungsstätte für Flugzeuge an.
Es gab viele Irritationen aufseiten des deutschen Militärs, dass mit Graf Zeppelin eine Privatperson aus eigener Initiative eine militärische Waffe entwickeln und produzieren wollte, obwohl sie von ihrer Notwendigkeit nicht überzeugt war. Auch für Graf Zeppelin selbst war dieses Projekt nicht einfach zu realisieren, da viele Mitarbeiter zum Militärdienst eingezogen worden waren. Im August 1914 kam es zwischen Graf Zeppelin und Prof. Alexander Baumann zu einem Vertragsabschluss über die Entwicklung und Fertigstellung eines Bombers, der eine Distanz von 600 km mit einer 1000 kg schweren Bombenladung zurücklegen konnte. Das war der Startschuss für die sogenannten R-Flugzeuge (»R« = »Riesen«).
1915 wurde die Versuchsbau GmbH Gotha mit Gustav Klein als Direktor und Prof. Baumann als Chefingenieur gegründet. Klein brachte zahlreiche Mitarbeiter, Techniker und Kaufleute mit in dieses Projekt ein. Einer von ihnen, der bereits mit der deutschen Luftfahrt vertraut war, war Hellmuth Hirth (24.4.1886–1.7.1938).
Hirth erhielt am 27.3.1911 die deutsche Pilotenlizenz Nr. 79 und gründete im Jahre 1931eine eigene Firma, die Hirth Motorbau GmbH, Stuttgart. Er war ein Ingenieur mit viel Erfahrung, auch bei der Planung großer Flugzeuge, und wurde durch den Bau des ersten viermotorigen Flugzeugs der Welt durch Igor Sikorsky in Russland bestätigt, das am 13.5.1913 seinen Erstflug absolvierte und als »Le Grand« bekannt wurde. Hirth wurde technischer Leiter in Gotha.
Weiterhin entstand auf dem Gothaer Waggon-Gelände 1915 eine Flugzeughalle, in der am 6.6. des gleichen Jahres die VGO-I fertiggestellt und getestet wurde. Das Flugzeug übertraf alle Erwartungen und löste bei der deutschen Heeresleitung schließlich Interesse an einem großen Flugzeug aus.

Das zweimotorige Großflugzeug Gotha G-IV konnte bei einer Reichweite von 800 km 500 kg Bomben tragen. Es war der erste deutsche Bomber, der im Weltkrieg bis London kam.

Aber auf dem Markt gab es mit den Siemens-Schuckert-Werken (SSW) in Berlin mittlerweile eine Konkurrenzfirma. Sie bauten Anfang Oktober 1914 die Siemens-»Forssmann«, die im Frühjahr 1915 fertiggestellt wurde. Sie hatte eine Spannweite von 24 m und eine Länge von 16,5 m. Das Siemens-Flugzeug sollte 170 000,- Mark kosten, die VGO-I etwa 350 000,- Mark. Somit bekam die SSW den Auftrag über sechs Maschinen. Später wurde jedoch festgestellt, dass sich die SSW um 100 Prozent verkalkuliert hatten.
Die VGO-I hatte eine Spannweite von 42,2 m und eine Länge von 24 m. Drei Maybach-Mb-IV-Motoren leisteten je 240 PS und ermöglichten eine Geschwindigkeit von 110 km/h. Nach einem Umbau bekam das Flugzeug fünf Maybach-Mb-IVa-Motoren mit je 250 PS, die es auf eine Geschwindigkeit von 130 km/h brachten. Die VGO-I hatte ein Gesamtgewicht von 11 485 kg und erreichte eine Höhe von fast 3000 m. Sie wurde an der Ostfront eingesetzt, doch es kam immer wieder zu Unfällen.
Nachdem zwei weitere VGO-I gebaut und nach Berlin-Staaken in die neue Fabrik gebracht worden waren, kam es am 28.6.1916 wieder zu einer Namensänderung in Flugzeugwerft GmbH Staaken. Zu dieser Zeit bestand die Firma aus 112 Arbeitern und 19 Technikern und Angestellten. Gotha bot einfach nicht genügend Platz

Die zweimotorigen Bomber aus der Residenzstadt des gebürtigen Engländers Herzog Carl Eduard wurden durch ihre Einsätze gegen London als »The Gothas« berüchtigt. Die Greuelpropaganda trug zur Umbenennung des in Großbritannien regierenden Königsgeschlechts Coburg und Gotha zu Windsor bei.

für den Flugzeugbau. Die Zeppelin Hallenbau GmbH war beauftragt worden, eine neue Luftschiffwerft in Berlin-Staaken zu errichten, und dort war auch ausreichend Platz für den Flugzeugbau vorhanden, der am 28.8.1916 dort einzog.

Die VGO-II wurde im September 1915 geliefert. Sie ähnelte der VGO-I, wies aber gewisse Verbesserungen auf, insbesondere am Leitwerk. Das Flugzeug wurde als R./15 geführt und an der Ostfront eingesetzt. Danach wurde es zu Ausbildungszwecken genutzt, bis es am 13.12.1917 bei einer Bruchlandung einen Totalschaden erlitt.

Nach der VGO-II kam die VGO-III, ein identisches Flugzeug, das jedoch durch sechs Mercedes-D-III-Motoren mit je 160 PS angetrieben wurde. Nach dem ersten Probeflug im Juni 1916 und weiteren Tests wurde es vom deutschen Heer als R.10/15 übernommen. Nach nur siebenmaligem Fronteinsatz brannte es am 24.1.1917 nach einer Bruchlandung bei Alt-Auz vollständig aus.

Mit dem Bau von R.IV begann man noch im Februar 1916 in Gotha, doch die Fertigstellung erfolgte Mitte November 1916 in Staaken, was mit R.12/15 zu einer neuen Militärbezeichnung führte. Der Entwurf entsprach dem des VGO-III-Flugzeugs, doch besaß das Flugzeug insgesamt fünf Maybach-Mb-IV-Motoren mit je 240 PS, eine Spannweite von 42 m, eine Länge von 23 m und ein Gesamtgewicht von 13 000 kg.

Zwischen Juni und Juli 1917 kam die R.IV an der Ostfront zum Einsatz und vom Juli bis zum Kriegsende an der Westfront. Dieses Flugzeug überstand die längste Einsatzzeit an der Front und sogar eine Kollision mit einem Sperrballon. Nach dem Krieg wurde die R.IV 1919 in Liegnitz abgewrackt.

Parallel zur R.IV begann man im Juni 1916 mit dem Bau von R.V, dem letzten in Gotha gebauten Flugzeug (R.13/15). Nach der Auslieferung

wurde die Werft aufgelöst. Die auffälligste Neuerung war ein sogenanntes »Schwalbennest«, eine kleine Gondel am oberen Flügel mit einem Maschinengewehr. Die Besatzung bestand aus dem Kommandanten, zwei Piloten, drei Mechanikern, einem Kraftstoffwart, einem Funker und drei MG-Schützen.
Nach der Übergabe am 23.12.1917 wurde R.V in Scheldewindeke bei Gent stationiert und führte bis zum Oktober 1918 insgesamt 17 Angriffsflüge durch. Danach wurde das Flugzeug zurück nach Deutschland verlegt.
Im gleichen Jahr, 1917, bestellte das Militär weitere 15 R-Bomber. Die Firma Zeppelin konnte den Auftrag nicht erfüllen und wollte den Bau unter Lizenz vergeben, was aber nicht gelang. Die nahe gelegene Werft des Luftschiffbaus Schütte-Lanz in Zeesen wurde mit dem Bau von sechs Flugzeugen beauftragt, konnte aber auch nur eine Maschine liefern. Die Flugzeugbaufirma Albatros lieferte ein weiteres R-Flugzeug, sodass Ende 1916 nur neun R-Bomber fertiggestellt waren. Hinzu kamen zwischen März und September 1917 weitere fünf Maschinen aus Staaken.
Für die deutsche Marine wurden R-Flugzeuge im August 1917 nach Potsdam gebracht und mit Schwimmern versehen. Nach der Fertigstellung der Wasserflugzeuge wechselte Alexander Baumann zu den Dornier-Werken am Bodensee. Die Flugzeuge bekamen die Bezeichnung »L« und wurden nach erfolgreichen Testflügen der Marine übergeben. Die in Staaken gebauten R-Flugzeuge waren schneller als beispielsweise die von Dornier gebauten Wasserflugzeuge, sodass die Marine weitere sechs Bestellungen aufgab. Ende 1917 kam Dr. Ing. Adolf Rohrbach nach Staaken, nachdem er zuvor drei Jahre bei Dornier gearbeitet hatte. Er brachte viele Kenntnisse über die Metallverarbeitung und die zukünftigen Entwürfe von Landflugzeugen mit. 1919 wurde Rohrbach der Nachfolger von Baumann als Chefingenieur.

1) Die Linke-Hofmann-Werke in Breslau hatten keine Erfahrung im Flugzeugbau, aber um die notwendige Zahl von Flugzeugen zu produzieren, wurden auch sie mit dem Bau eines R-Flugzeugs beauftragt.
2) Dieses Flugzeug wurde 1919/20 in dem Spielfilm »Die Herrin der Welt« eingesetzt.

Überblick der R-Flugzeuge des Heeres

Hersteller	Typ	Serie	Zahl	Motoren	Jahr	Verbleib
SSW	R.I	R.1/15	3	Benz Bz III	Juni 1915	zerstört beim Transport nach Berlin (Teile sind im Verkehrsmuseum)
SSW	R.II	R.2/15	3	Mercedes D IVa	26.10.1915	1918 zerstört bei Landung in der Gegend von Köln
SSW	R.III	R.3/15	3	Benz Bz IV	30.12.1915	Ausbildungsflugzeug
SSW	R.IV	R.4/15	3	Benz Bz IV	29.01.1916	
SSW	R.V	R.5/15	3	Benz Bz IV	13.08.1916	zerstört bei Landung in Döberitz am 14.02.1917
SSW	R.VI	R.6/16	3	Benz Bz IV	25.04.1916	verschrottet im November 1917
SSW	R.VII	R.7/17	3	Mercedes D IVa	24.06.1916	Ausbildungsflugzeug
Li-Ho[1)]	R.1	R.8/15	4	Mercedes D IVa	10.05.1917	verunglückt
VGO	VGO-II	R.9/15	3	Maybach HS	28.11.1915	im Sommer 1917 in Staaken abgestürzt

Hersteller	Typ	Serie	Zahl	Motoren	Jahr	Verbleib
VGO	VGO-III	R.10/15	6	Mercedes D III	Mai/Juni 1916	am 24.01.1917 bei Alt-Auz abgestürzt (alle fünf Besatzungsmitglieder starben)
DFW	R.I	R.11/15	4	Mercedes D IV	30.04.1917	im September 1917 bei Notlandung abgestürzt
Staaken	R.IV	R.12/15	6	2 Mercedes D III 4 Benz Bz IV	16.08.1916	im April 1919 in Liegnitz abgewrackt
Staaken	R.V	R.13/15	5	Maybach Mb IV	29.09.1917	am 18.10.1918 bei Landung in Düsseldorf abgestürzt
Staaken	R.VII	R.14/15	6	2 Mercedes D III 4 Benz Bz IV	26.06.1917	am 19.08.1917 abgestürzt und ausgebrannt (sechs Besatzungsmitglieder starben)
DFW	R.II	R.15/16	4	Mercedes D IVa	–	in Düsseldorf stationiert
DFW	R.II	R.16/16	4	Mercedes D IVa	Okt. 1918	
DFW	R.II	R.17/16	4	Mercedes D IVa	22.07.1918	in Düsseldorf stationiert
DFW	R.II	R.18/16	4	Mercedes D IVa	–	nach Kriegsende fertige Teile verschrottet
DFW	R.II	R.19/16	4	Mercedes D IVa	–	nach Kriegsende fertige Teile verschrottet
DFW	R.II	R.20/16	4	Mercedes D IVa	–	nach Kriegsende Auftrag zurückgezogen
AEG	R.I	R.21/16	4	Mercedes D IVa	14.06.1918	zerbrach in der Luft (alle sieben Besatzungsmitglieder starben)
AEG	R.I	R.22/16	4	Mercedes D IVa	–	vor Kriegsende nicht fertiggestellt
SSW	R.VIII	R.23/16	6	Basse BuS IV	Nov. 1918	vor Kriegsende nicht fertiggestellt
SSW	R.VIII	R.24/16	6	Basse BuS IV	–	vor Kriegsende nicht fertiggestellt
Staaken	R.VI	R.25/16	4	Mercedes D IVa	06.06.1917	
Staaken	R.VI	R.26/16	4	Mercedes D IVa	24.07.1917	am 09./10.05.1918 bei Landung in Scheldewindeke abgestürzt
Staaken von SL gebaut	R.VI	R.27/16	4	Mercedes D IVa	Okt. 1917	am 07./08.03.1918 bei Notlandung in Belgien abgestürzt
Staaken von SL gebaut	R.VI	R.28/16	4	Maybach Mb IVa	Ende 1917	15./16.09.1918 nach Motorschaden abgestürzt
Staaken von SL gebaut	R.VI	R.29/16	4	Maybach Mb IVa	Feb. 1918	09./10.05.1918 beim Landen abgestürzt
Staaken	R.VI	R.30/16	4	Mercedes D IVa	Okt. 1917	benutzt als »Fletcher's World« [2)]
Staaken	R.VI	R.31/16	4	Mercedes D IVa	Jan. 1918	15./16.09.1918 über England (zwei Überlebende) abgeschossen
Staaken	R.VI	R.31/16	4	Mercedes D IVa	24.01.1918	09./10.05.1918 bei Landung in Scheldewindeke abgestürzt

Hersteller	Typ	Serie	Zahl	Motoren	Jahr	Verbleib
Staaken von Aviatik gebaut	R.VI	R.33/16	4	Mercedes D IVa	Okt. 1917	am 15.10.1918 abgestürzt
Staaken von Aviatik gebaut	R.VI	R.34/16	4	Mercedes D IVa	Dez. 1917	am 21.04.1918 wahrscheinlich über der Front abgeschossen
Staaken von Aviatik gebaut	R.VI	R.35/16	4	Mercedes D IVa	26.02.1918	ein Teil steht heute im polnischen Luftfahrtmuseum in Krakau
Staaken von Albatros gebaut	R.VI	R.36/16	4	Mercedes D IVa	Okt. 1917	07./08.03.1918 nach Notlandung abgewrackt
Staaken von Albatros gebaut	R.VI	R.37/16	4	Maybach Mb IVa	03.02.1918	1./2.06.1918 von der Mannschaft nach Notlandung hinter der Frontlinie verbrannt
Staaken von Albatros gebaut	R.VI	R.38/16	4	Mercedes D IVa	27.03.1918	am 06.05.1918 bei Notlandung in Heisingen abgestürzt
Staaken	R.VI	R.39/16	4	Maybach Mb IVa	09.08.1917	erfolgreichstes R-Flugzeug
Li-Ho	R.I	R.40/16	4	Mercedes D IVa	Ende 1917	abgestürzt, wurde nicht mehr repariert
Li-Ho	R.I	R.41/16	4	Mercedes D IVa	–	vor Kriegsende nicht fertiggestellt
Li-Ho	R.I	R.42/16	4	Mercedes D IVa	–	vor Kriegsende nicht fertiggestellt
Staaken	R.XIV	R.43/17	5	Maybach Mb IVa	11.04.1918	10.–11.08.1918 durch feindliche Flugzeuge abgeschossen
Staaken	R.XIV	R.44/17	5	Maybach Mb IVa	03.07.1918	am 11.02.1918 in Köln abgewrackt
Staaken	R.XIV	R.45/17	5	Maybach Mb IVa	11.07.1918	
Staaken	R.XV	R.46/17	5	Maybach Mb IVa	25.07.1918	
Staaken	R.XV	R.47/17	5	Maybach Mb IVa	03.08.1918	nach Kriegsende an Japan übergeben
Staaken	R.XV	R.48/17	5	Maybach Mb IVa	13.08.1918	nach Kriegsende Teile zur Isle of Grain transportiert
Staaken	R.XVI	R.49/17	4	Benz Bz IV und VI	Sept. 1918	abgestürzt bei Landung und vor Kriegsende nicht mehr repariert
Staaken von Aviatik gebaut	R.XVI	R.50/17	4	Benz Bz IV und VI	–	1919 als Zivilflugzeug fertiggestellt und bekannt als »Aviatik«

Hersteller	Typ	Serie	Zahl	Motoren	Jahr	Verbleib
Staaken von Aviatik gebaut	R.XVI	R.51/17	4	Benz Bz IV und VI	–	vor Kriegsende nicht fertiggestellt
Staaken von Aviatik gebaut	R.VI	R.52/17	4	Maybach Mb IVa	07.05.1918	11./12.08.1918 in Villers la Tour abgestürzt
Staaken von Aviatik gebaut	R.VI	R.53/17	4	Maybach Mb IVa	Juli 1918	Schulflugzeug
Staaken von Aviatik gebaut	R.VI	R.54/17	4	Maybach Mb IVa	Okt. 1918	wahrscheinlich nicht fertiggestellt und verschrottet
Li-Ho	R.II	R.55/17	4	Mercedes D IVa	Jan. 1919	
Li-Ho	R.II	R.56/17	4	Mercedes D IVa	–	vor Kriegsende nicht fertiggestellt
Junker	R.I	R.57/17	4	Mercedes D IVa	–	vor Kriegsende nicht fertiggestellt
Junker	R.I	R.58/17	4	Mercedes D IVa	–	vor Kriegsende nicht fertiggestellt
AEG	R.I	R.59	4	Mercedes D IVa	–	vor Kriegsende nicht fertiggestellt
AEG	R.I	R.60	4	Mercedes D IVa	–	vor Kriegsende nicht fertiggestellt
AEG	R.I	R.61	4	Mercedes D IVa	–	vor Kriegsende nicht fertiggestellt
AEG	R.I	R.62	4	Mercedes D IVa	–	vor Kriegsende nicht fertiggestellt
AEG	R.I	R.63	4	Mercedes D IVa	–	vor Kriegsende nicht fertiggestellt
AEG	R.I	R.64	4	Mercedes D IVa	–	vor Kriegsende nicht fertiggestellt
Schül	R.I	R.65	6	Basse BuS IVa		
Schül	R.I	R.66	6	Basse BuS IVa		
Do	R.I	R.67	4	Maybach Mb IVa		
Do	R.I	R.68	4	Maybach Mb IVa		
Staaken	R.XIVa	R.69/18	5	Maybach Mb IVa	19.10.1918	an Italien übergeben
Staaken	R.XIVa	R.70/18	5	Maybach Mb IVa	1918/19	von Rumänien übernommen
Staaken	R.XIVa	R.71/18	5	Maybach Mb IVa	1918/19	im Sommer 1919 abgestürzt und in Ratibor ausgebrannt
Staaken	R.XIVa	R.72/18	5	Maybach Mb IVa	–	wahrscheinlich nicht fertiggestellt
–		R.73				
–		R.74				
SSW	R.VIIIa	R.75/18	6	Basse BuS IVa	–	vor Kriegsende nicht fertiggestellt
SSW	R.VIIIa	R.76/18	6	Basse BuS IVa	–	vor Kriegsende nicht fertiggestellt
SSW	R.VIIIa	R.77/18	6	Basse BuS IVa	–	vor Kriegsende nicht fertiggestellt
–		R.78				
–		R.79				

Hersteller	Typ	Serie	Zahl	Motoren	Jahr	Verbleib
–		R.80				
–		R.81				
–		R.82				
–		R.83				
Staaken von SL gebaut	R.XIVa	R.84/18	5	Maybach Mb IVa	–	vor Kriegsende nicht fertiggestellt
Staaken von SL gebaut	R.XIVa	R.85/18	5	Maybach Mb IVa	–	vor Kriegsende nicht fertiggestellt
Staaken von SL gebaut	R.XIVa	R.86/18	5	Maybach Mb IVa	–	vor Kriegsende nicht fertiggestellt
Staaken	R.VIII	R.201/16	8	Mercedes D IVa	–	
Staaken	R.VIII	R.202/16	8	Mercedes D IVa	–	
Staaken	R.VIII	R.203/16	8	Mercedes D IVa	–	
SSW	R.IX	R.204/16	8	Basse BuS IVa	–	geplant
AEG	R.II	R.205/16	8	Mercedes D IVa	–	
Staaken	R.IX	R.206/16	8	Mercedes D IVa	–	

R-Flugzeuge der Marine						
Hersteller	Typ	Serie	Zahl	Motoren	Jahr	Verbleib
VGO	VGO-I	RML 1	3	Maybach HS	11.04.1915	umgebaut nach Absturz
VGO	VGO-I	RML 1	5	Maybach Mb IVa	–	11.03.1917
Dornier	Rs-I	–	3	Maybach HS	Okt. 1915	am 21.12.1915 durch einen Sturm zerstört
Dornier	Rs-II	–	3	Maybach HS	17.05.1916	umgebaut
Dornier		1433	4	Maybach Mb IVa	05.11.1916	verschrottet
Dornier	Rs-III	1431	4	Maybach Mb IVa	31.10.1917	30./31.07.1921 verschrottet
Dornier	Rs-IV	8801/02	4	Maybach Mb IVa	12.10.1918	17.04.1920 verschrottet
Dornier	R-V	8803/04	4	Maybach Mb IV		
Dornier	R-V	8803/04	8	Maybach Mb IVa		
AEG	–	9301	4	Maybach Mb IVa		
AEG	–	9302/03	4	Maybach Mb IVa		
Staaken	L	1432	4	Mercedes D IVa	Dez. 1916	03.06.1918 über Warnemünde abgestürzt (alle Besatzungsmitglieder starben)

Hersteller	Typ	Serie	Zahl	Motoren	Jahr	Verbleib
Staaken	–	8301 [3)]	4	Mercedes D IVa	Sommer 1918	nicht von der Marine übernommen und nach dem Krieg für zivile Flüge eingesetzt
Staaken	–	8302	4	Mercedes D IVa	–	nicht von der Marine übernommen
Staaken	–	8303 [3)]	4	Mercedes D IVa	–	nach dem Krieg für zivile Flüge eingesetzt
Staaken	–	8304	4	Mercedes D IVa	–	nach dem Krieg für zivile Flüge eingesetzt
Staaken	–	8305	4	Mercedes D IVa		
Staaken	–	9306	4	Mercedes D IVa		
Staaken	–	8307	4	Benz Bz VI		

3) Für wenige Monate nach dem Krieg haben diese beiden Flugzeuge regelmäßig bis zu 24 Passagiere am Wochenende zwischen Berlin und Swinemünde transportiert.

Anfang 1916 wurde der Betrieb der VGO zur Luftschiffwerft nach Staaken verlegt, wo dann R-Flugzeuge wie die E 4/20 in den Luftschiffhallen produziert wurden.

Der letzte aus Staaken kommende Zeppelin, LZ 109 (L 64), wurde im März 1918 abgeliefert, und somit konnte die Flugzeugwerft umziehen. Die Luftschiffbau Zeppelin Staaken wurde mit der Flugzeugwerft GmbH Staaken zusammengelegt und bekam am 25.1.1918 wieder einen neuen Namen: Zeppelinwerke GmbH Berlin-Staaken. Durch die Nutzung der beiden Zeppelinhallen in Staaken mit einer Belegschaft von fast 2500 Mitarbeitern war es 1918 möglich, alle zehn Tage ein R-Flugzeug fertigzustellen. Das letzte ausgelieferte Flugzeug war eine ganz aus Metall bestehende, viermotorige R.XV, die zum Passagierflugzeug umgebaut wurde. Die R.48 konnte 25 Passagiere oder 5,5 t Last befördern. Sie besaß vier Maybach-Motoren mit je 260 PS, die dem Flugzeug eine Höchstgeschwindigkeit von 120 km/h ermöglichten. Mit einer Flügelspannweite von 42,6 m hat es jedes Passagierflugzeug der damaligen Zeit weit übertroffen.

Um die Zeppelinwerke und ihre Erfahrungen nach dem Ende des Ersten Weltkriegs zu retten, baute Chefkonstrukteur Ing. Adolf Rohrbach ein viermotoriges, ganz aus Metall bestehendes Passagierflugzeug, die E4/20 »Staaken«. Das Flugzeug absolvierte seinen ersten Probeflug am 9.11.1920 mit Karl Kuring als Testpilot. Die vier Maybach-Mb-IVa-Motoren waren über einen Laufgang am Flügel während des Flugs zugänglich. Sie lieferten zusammen 1000 PS,

Technische Daten der R-Flugzeuge							
Typ	Spannweite	Länge	Tragfläche	Höhe	Geschwindigkeit	Gewicht (leer)	Gewicht (beladen)
VGO-II	42,2 m	23,78 m	332 m²	3000 m	110 km/h	6637 kg	10 203 kg
VGO-III	42,2 m	24,50 m	332 m²	3000 m	120 km/h	8600 kg	11 600 kg
R.I (Dornier)	–	–	–	–	–	–	–
R.IV	42,2 m	23,2 m	332 m²	3700 m	125 km/h	8772 kg	13 035 kg
R.V	42,2 m	23,0 m	332 m²	4500 m	135 km/h	9450 kg	13 010 kg
R.VI	42,2 m	22,1 m	332 m²	3800 m	130 km/h	7680 kg 9300 kg	11 460 kg 12 875 kg
R.VII	42,2 m	22,1 m	332 m²	3850 m	130 km/h	8923 kg	12 953 kg
R.VIII	55,0 m	30,0 m	–	–	–	–	–
R.IX	55,0 m	30,0 m	–	–	–	–	–
R.X–XIII (geplant)							
R.XIV	42,2 m	22,5 m	334 m²	3700 m	130 km/h	10 350 kg	14 450 kg
R.XIVa	42,2 m	22,5 m	334 m²	4500 m	135 km/h	10 000 kg	14 250 kg
R.XV	42,2 m	22,5 m	334 m²	–	–	–	–
R.XVI	42,2 m	22,5 m	340 m²	3710 m	130 km/h	10 400 kg	14 650 kg
Rs-I (Dornier)	43,5 m	29,0 m	328,8 m²	–	–	7500 kg	10 500 kg
Rs-II (Dornier)	33,2 m	23,9 m	257 m² 243,3 m²	–	–	6475 kg 7278 kg	7323 kg 9158 kg
Rs-III (Dornier)	37,0 m	22,7 m	226 m²	–	135 km/h	7865 kg	10 670 kg
Rs-IV (Dornier)	37,0 m	22,3 m	226 m²	–	138 km/h	7237 kg	10 600 kg
Rs-V (Dornier)	44,0 m	28,0 m	–	–	–	–	–
L	42,2 m	22,2 m	360 m²	2500 m	125 km/h	8400 kg	11 800 kg

Blick in die Werkstätten und in die Ringhalle in Staaken nach der Umorientierung vom Luftschiffbau zum Bau von Jagdflugzeugen in Serie.

die mehr als ausreichend waren, um das Startgewicht von 8500 kg in die Luft zu bekommen. Die »Staaken« erreichte eine Geschwindigkeit von 225 km/h, im Jahre 1920 unglaublich für ein Flugzeug dieser Größe. Sie hatte eine Spannweite von 31,0 m, eine Länge von 16,5 m und war etwa 4,5 m hoch. Das Flugzeug sollte zwischen Friedrichshafen und Berlin eingesetzt werden. In ihm war eine Küche eingebaut, es hatte große Fenster und sogar eine Bordtoilette. Der kleine Beobachtungsraum an der Nase war als Knautschzone im Fall eines Zusammenstoßes vorgesehen. Die »Staaken« war auch das erste Passagierflugzeug mit einer zweireihigen Sitzanordnung.

Trotz des revolutionären Konzepts ordnete die alliierte Kontrollkommission, die die Einhaltung der Bestimmungen des Versailler Vertrags überprüfte, am 21.11.1922 die Verschrottung des Flugzeugs an. Eine kleine, zweimotorige Version, die sich noch im Bau befand, ereilte das gleiche Schicksal.

Alle Versuche der Luftschiffbau Zeppelin GmbH und von Direktor Colsman, dieses Flugzeug zu retten, misslangen. Zweifellos war Rohrbachs Flugzeug »Staaken« ein technischer Entwurf, der seiner Zeit um viele Jahre voraus war. Es wäre ein Wendepunkt für die Firma Zeppelin gewesen, wenn man das Flugzeug weiter hätte testen können, um seine Flugtauglichkeit unter Beweis zu stellen.

Rohrbach gründete 1922 eine eigene Firma und baute das Flugzeug Ro-VIII, einen Prototyp mit dem Kennzeichen D 991, der von der Lufthansa übernommen wurde und am 5.9.1926 den Flugverkehr aufnahm.
Die Staakener Luftschiffhallen wurden für kurze Zeit von der DELAG genutzt, um das Luftschiff LZ 120 »Bodensee« zwischen den Fahrten Berlin–Friedrichshafen vom 20.8.1919 bis zum 5.12.1919 unterzubringen. Während dieser Fahrten transportierte LZ 120 rund 2253 Passagiere, 5000 kg Post, 30 000 kg Gepäck und Pakete. Am 3.7.1921 wurde LZ 120 »Bodensee« als Teil der Kriegsreparationen an Italien übergeben. Das Schwesterschiff LZ 121 »Nordstern« ging nie in Dienst, war auch ein Teil der Kriegsreparationen und wurde am 8.6.1921 an Frankreich übergeben.
Der Staaken-Komplex wurde für die Reparaturarbeiten verschiedener Lufthansa-Flugzeuge, als Lager für Ersatzteile und zur Ausbildung von Piloten genutzt. Der Zentralflughafen (heute Berlin-Tempelhof) erfordete durch seine schnelle Expansion die Nutzung der Dienstleistungen von Staaken. Staaken verzeichnete zwischen dem 1.4. und dem 30.9.1928 40 904 Starts und Landungen.
8,5 Millionen Reichsmark erzielte die Luftschiffbau Zeppelin GmbH im Jahre 1929 durch den Verkauf der Anlage Staaken an die Stadt Berlin. Davon gingen zwei Millionen Reichsmark an die Reichskreditanstalt, um Schulden der Maybach-Motorenwerke auszugleichen.
Eine weitere Tochtergesellschaft entstand 1915 in Staaken: die Zeppelin Wasserstoff- und Sauerstoff AG, auch als ZEWAS bekannt. Sie stellte den Wasserstoff für die Zeppeline her. Auf dem Gelände wurde ein großer Gasometer als Reservoir gebaut. Heute befindet sich auf diesem Gelände der Zeppelin-Gewerbepark.

Weitere Gesellschaften

Eine Anzahl von kleineren Tochtergesellschaften, die nicht direkt mit dem Zeppelin- oder dem Flugzeugbau zu tun hatten, wurde aus verschiedenen Überlegungen heraus gegründet und sollte nicht übersehen werden.

Kurgarten-Hotel GmbH

Ferdinand Graf von Zeppelin kaufte die Kurgarten-Hotel GmbH nicht nur, damit er ein in der Nähe liegendes Büro hatte, sondern auch, um Passagiere unterzubringen. Das Hotel befand sich in der Olgastraße 24 in Friedrichshafen und wurde am 30.4.1910 eröffnet. Es war ein Erste-Klasse-Hotel mit elektrischer Beleuchtung, Zentralheizung, fließend heißem und kaltem Wasser in allen Zimmern und sogar mit Aufzug.
Die Preisliste von 1939 zeigt, dass die Übernachtung doppelt so teuer wie in den anderen Hotels in Friedrichshafen war. Die Gäste, die sich diese Zimmer leisten konnten, waren die gleichen, die auch eine Luftschifffahrt bezahlen konnten. Das Restaurant war bekannt für sein gutes Essen und lieferte auch die Mahlzeiten für die DELAG-Fluggäste. Nach dem Zweiten Weltkrieg erwarb die Stadt Friedrichshafen eine 75-prozentige Beteiligung am »Kurgarten-Hotel«. Heute steht ein modernes Gebäude auf dem Gelände, das Graf-Zeppelin-Haus.

Bodengesellschaft Hansa GmbH

Die Bodengesellschaft Hansa GmbH wurde als Dachgesellschaft für das Grundstückseigentum der Firmen gegründet, die in Berlin-Staaken gebaut wurden.

Zeppelin-Wohlfahrt GmbH

Die Zeppelin-Wohlfahrt wurde am 8.7.1913, dem 75. Geburtstag von Ferdinand Graf von Zeppelin, ins Leben gerufen. Während seiner Rede kam er auf die Wohnungsnot in Friedrichshafen zu sprechen und erklärte, dass man sich diesem Problem zuwenden müsse.

Friedrichshafen war früher ein kleines Dorf mit ungefähr 5000 Einwohnern. Mit der Ansiedlung von Firmen, Fabriken und Büros sowie ihrer Mitarbeiter entstand eine große Wohnungsnot. Die Luftschiffbau Zeppelin GmbH allein hatte schon 1915 rund 7100 Mitarbeiter, und die Mehrheit von ihnen war zugewandert und benötigte Wohnraum. Das führte auch zu einem lokalen Nahrungsmittelmangel, da die Infrastruktur nicht ausreichte.

Durch die erhöhte Nachfrage stiegen die Preise in allen Bereichen drastisch. Besonders bei der Luftschiffbau Zeppelin GmbH war eine gut ausgebildete, zuverlässige Mannschaft erforderlich, und es war wichtig, diesen Personenkreis an sich zu binden.

Um die Situation zu verbessern, wurde vom Luftschiffbau schon 1910 auf dem Firmengelände eine Kantine gebaut, in der die Mitarbeiter ihre Mittagspause verbringen konnten. Die Kantine wurde bald wegen der großen Nachfrage ausgebaut, gleichzeitig sanken die Lebensmittelpreise wieder.

Die Situation in Friedrichshafen war während des Ersten Weltkriegs äußerst angespannt. Um 1918 arbeiteten 11 500 Beschäftigte im Luftschiffbau und nochmals 3000 im Flugzeugbau in Friedrichshafen – einer Stadt, die nur etwa 2000 Wohnungen bei einer ursprünglichen Bevölkerung von 10 000 Bürgern anbieten konnte.

Im Juli 1936 wurde der Flug- und Luftschiffhafen Rhein-Main in Frankfurt am Main eröffnet. Auf Initiative der Deutschen Zeppelin-Reederei entstand die Siedlung »Zeppelinheim« allein für die Besatzungsmitglieder und das Bodenpersonal.

Am 1. Januar 1938 erhielt die Siedlung Zeppelinheim in der Nähe des Frankfurter Luftschiffhafens offizielle Gemeindeurkunde.

Auf Rat von Direktor Alfred Colsman wurde die Zeppelin-Wohlfahrt GmbH gegründet, um sich den Problemen zu widmen, die durch mehr Fabriken, mehr Mitarbeiter und die entstehenden sozialen Strukturen auftreten würden. Gleichzeitig wurde der Belegschaft eine Lebensversicherung angeboten, der bis 1913 etwa zwei Drittel der Mitarbeiter beitraten. Die am 23.9.1913 eingetragene Zeppelin-Wohlfahrt konnte schon im April 1914 mit dem Bau einer Arbeitersiedlung in der Nähe des Zeppelin-Werftgeländes beginnen. Die Siedlung wurde vom Stuttgarter Architekten Paul Bonatz (1877–1956) und von Friedrich Eugen Scholer (1874–1949) entworfen. Unter ihrer Leitung entstanden auch das Stuttgarter Hotel »Graf Zeppelin«, der Hauptbahnhof sowie das Leibniz-Gymnasium.

Paul Zeller wurde mit der Bauaufsicht beauftragt. Die Miete für die Häuser war niedrig, und es entstand Wohnraum für etwa 700 bis 800 Personen. Insgesamt wurden 214 Häuser gebaut, 127 davon im sogenannten »Zeppelindorf«. Am 1.4.1916 wurde der erste Teil der Siedlung eingeweiht. Jedes Haus hatte einen großen Garten, der beträchtlich zur Eigenversorgung beitrug. Die Bewohner konnten in einem kleinen Stall auch Hühner und Ziegen halten. Die Häuser waren fast alle mit einem Badezimmer mit Badewanne und Toilette eingerichtet.

Nach heutigem Standard waren die Häuser klein, boten aber genug Raum für Großfamilien, von denen manche acht und mehr Kinder hatten. Einige Familien verbesserten ihr Einkommen trotzdem durch Untervermietung. Natürlich war diese Siedlung auch ein Prestigeprojekt und sollte die soziale Einstellung der Firma demonstrieren. Es war zur damaligen Zeit besonders in der Bergbau- und Stahlindustrie üblich, Wohnsiedlungen für die Mitarbeiter zu bauen. Das »Zeppelindorf« war die erste Werkssiedlung der Luftfahrtgeschichte.

In der Dorfgemeinschaft gab es eine Gaststätte, den »Dorfkrug«. Im weiteren Umkreis befanden sich sechs Bauernhöfe, die nicht nur die Gaststätte, sondern auch die Firmenkantine mit Lebensmitteln versorgten. Sie nahmen eine Gesamtfläche von 225 ha ein und waren zum größten Teil erworben worden. Eine kleine Privatbahn zwischen Friedrichshafen und Oberteuringen, die Teuringer Talbahn mit einer Streckenlänge von 10,4 km, konnte die erzeugten Produkte nach Friedrichshafen transportieren. Auch die Teuringer Talbahn GmbH war eine Tochtergesellschaft der Zeppelin-Wohlfahrt

Nach dem städtebaulichen Entwurf des Architekten Paul Bonatz entstand ab 1913 das »Zeppelindorf« in Friedrichshafen. Hier eine heutige Straße des Dorfes.

GmbH. Der Betrieb dieser Strecke wurde am 15.2.1960 eingestellt.

Der »Dorfkrug« war ein Treffpunkt für alle Mitarbeiter, vom Angestellten bis zum einfachen Hilfsarbeiter. Im Lauf der Jahre entstanden weiterhin eine Badeanstalt, eine Bank (Sparkasse), eine Bäckerei, eine Brauerei, eine Kohlenhandlung, ein Lebensmittelgeschäft (Konsumanstalt), eine Metzgerei mit eigenem Schlachthaus, eine Molkerei, eine Mosterei, eine Mühle, ein Schlachthof, eine Trockendarre zur Herstellung von Trockenobst und -gemüse, ein Waschhaus, eine Weinhandlung und sogar eine eigene Ziegelei entlang des Lippach, die Steine und Dachziegel für die Gebäude lieferte.

Um in Not geratenen Mitarbeitern in harten Zeiten zu helfen, wurden sie kostenlos mit Milch und Lebensmitteln aus den Betrieben versorgt.

Es gab ein Wohnhaus für Junggesellen, das Ledigenheim, sowie ein Wohnheim für alleinstehende Frauen, und drei Hotels sorgten für die Unterkunft der Beamten und Angestellten. Eine Sozialstation für Frauenangelegenheiten sowie ein Haus für Mädchen, ein Wöchnerinnenheim und ein Kindergarten wurden angelegt.

Für kulturelle Veranstaltungen oder Versammlungen wurde von der Zeppelin-Wohlfahrt GmbH ein Saalbau errichtet, in dem sich auch eine Bücherei mit einem Lesesaal, ein Billardzimmer, eine Kegelbahn und eine Kneipe befanden. Es wurden Konzerte, Theateraufführungen, Vorträge und Bücherlesungen für die Mitarbeiter organisiert. Zahlreiche verschiedene Werkstätten entstanden, die Reparaturen und handwerkliche Arbeiten durchführten.

Durch diese Einrichtungen wurden die Preise für Lebensmittel, Wohnungen und Unterhaltung trotz des großen Bevölkerungswachstums im Umfeld von Friedrichshafen unter Kontrolle gehalten. Es gab natürlich Kritik, dass die Wohlfahrt letztlich nur eine Almosenverteilung sei, aber Colsman ignorierte diese Kommentare.

Graf Zeppelin ging davon aus, dass die Echterdingener Spende des deutschen Volkes ihn dazu verpflichtete, etwas vom Wohlstand an seine Mitarbeiter zurückzugeben. Alle Maßnahmen der Zeppelin-Wohlfahrt GmbH sorgten denn auch für ein besseres Leben der Mitarbeiter, was sich auch in einem besseren Arbeitsergebnis widerspiegelte.

Das gleiche Problem ergab sich in Berlin-Staaken, wo die neue Werft für Luftschiffe und

Flugzeuge eine große Zahl von qualifizierten Mitarbeiter in einem kleinen Dorf mit wenigen Wohnmöglichkeiten unterbringen musste. Schnell entstanden in der Umgebung sechs Baracken für je 100 Personen und eine große Anzahl von Neubauten. Allein der Luftschiffbau-Staaken hatte Ende 1916 rund 3000 Beschäftigte und die Flugzeugwerft nochmals 569 Mitarbeiter.
Das Ende des Ersten Weltkriegs hat die weiteren Expansionspläne für das »Zeppelindorf« verändert. 1919/20 wurden noch ein paar Häuser entlang der Colsman- und der Meisterhofener Straße errichtet, und bis 1925 wurden alle Häuser elektrifiziert.
Während des Zweiten Weltkriegs kam es wegen der Bombardierung Friedrichshafens zu Beschädigungen am »Zeppelindorf«. Die Reparaturarbeiten wurden zügig durchgeführt, und so hat die Siedlung bis heute ihren ursprünglichen Charakter behalten. Sie gehört immer noch zur Zeppelin-Wohlfahrt GmbH und steht seit Mai 1991 unter Denkmalschutz. Verwaltet werden heute etwa 900 Wohnungen und Häuser, die immer noch wegen ihrer günstigen Mieten begehrt sind.
Weitere Firmen und Tochterfirmen wie Dornier haben ebenfalls Siedlungen für ihre Angestellten errichtet, zum Beispiel 1934/35 die Schmithenner Siedlung, die östlich des »Zeppelindorfs« entstand, sowie 1936 die Löwenthal-Siedlung. Die Zahnradfabrik begann 1949 nach dem Zweiten Weltkrieg mit dem Bau von 48 Wohneinheiten, während der Maybach-Motorenbau erst Mitte der 1950er-Jahre Wohnhäuser für seine Mitarbeiter errichtete.
Nach dem Zweiten Weltkrieg übernahm die Stadt Friedrichshafen von der Zeppelin-Wohlfahrt den Besitz von 143 ha Land und 192 nach der Bombardierung zum größten Teil beschädigte oder zerstörte Gebäude. Die Stadt Friedrichshafen verpflichtete sich, das Vermögen der Zeppelin-Wohlfahrt als Ganzes zu erhalten und nur für gemeinnützige und wohltätige Zwecke zu verwenden. Daher ist die Zeppelin-Wohlfahrt die einzige Tochtergesellschaft, die heute noch in ihrer ursprünglichen Form besteht.

Zeppelin Metallwerke

Am 5.11.1947 wurde die Luftschiffbau Zeppelin GmbH liquidiert. Um einen Teil der Arbeiter weiterhin beschäftigen zu können, wurde von der Zeppelin-Stiftung 1950 die Metallwerke GmbH Friedrichshafen gegründet. 1954 erhielten die Metallwerke die Alleinvertriebsrechte für den Verkauf und die Reparaturarbeiten der in den USA hergestellten Caterpillar-Landmaschinen.
Die Metallwerke wurden 1961 neu organisiert und erhielten den Namen Zeppelin Metallwerke GmbH, die Verwaltung zog 1966 nach Garching bei München um. Da die Firma mittlerweile weltweit vertreten war, kam es nochmals zu einer Umstrukturierung. Seit 1994 nennt sie sich Zeppelin GmbH. Die Caterpillar-Abteilung stellt inzwischen schwere Baugeräte her, die durch ein Netzwerk von über 70 Zweigniederlassungen vertrieben werden.

Zeppelin Mobile Systeme

Aus der Zeppelin-Stiftung entstand Anfang der 1990er-Jahre eine Firma, die zuerst als Zeppelin Systemtechnik und später als Zeppelin Mobile Systeme GmbH bekannt wurde. Sie stellt mobile Raumkonzeptionen her, die in Notfallsituationen als Kommunikationszentrale oder als Krankenhaus dienen und die über Land, durch die Luft oder über das Wasser schnell und einfach transportiert werden können. Diese Produkte werden hauptsächlich vom Militär oder im Katastrophenschutz eingesetzt.

Drei Epochen der Zeppelin-Firmen

Hass im Krieg. Am 2. Februar 1916 wird die überlebende Besatzung des havarierten Marineluftschiffes L 19 von den Männern des englischen Fischtrawlers »King Stephen« nicht gerettet. Man lässt sie in der Nordsee ertrinken.

1. Bis 1914

Der Erfolg von Ferdinand Graf von Zeppelin und seinen Firmen und Betrieben ist komplex und überspannt mehrere Zeiträume. Man kann sie in verschiedene Epochen aufteilen, um die Hintergründe dieses Erfolgs besser verstehen zu können.

Nach der Gründung einiger Tochtergesellschaften folgte eine kurze Zeit zwischen 1910 und 1914, in der die DELAG mit ihrer Passagierbeförderung im Mittelpunkt der Firmen stand. Das Zeppelin-Luftschiff bot eine sichere Möglichkeit, die Welt aus der Vogelperspektive zu betrachten, und Tausende Passagiere genossen die Fahrt.

Hauptsächlich war die DELAG mit ihren Luftschiffen in den großen Städten präsent, wo sie von der Bevölkerung bewundert werden konnten. Schon damals wurde die Vermarktung durch Postkarten, viele andere Werbemittel und durch kunstvolle grafische Poster erfolgreich durchgeführt. Es entstand eine Serie von DELAG-Postkarten mit 118 aus der Luft fotografierten Motiven, hauptsächlich von deutschen Städten. Viele Passagiere kauften diese Postkarten, auch um sie als Bordpost an Freunde und Familienangehörige zu senden.

In dieser Zeit entstanden auch zahlreiche künstlerische Werke, die den Zeppelin als Motiv darstellten und wiederum als Werbung für ihn dienten. Künstler wie Max Feldbauer, Alfred Oppenheim, Bernhard Pankok, Felix Schwormstädt, Willy Stöwer oder Albert Weisgerber nutzten die Zeppeline als Hauptmotive. Ein Künstler ist besonders zu erwähnen: Michael Zeno Diemer (8.2.1867–27.2.1939) stellte den Zeppelin auf zahlreichen Gemälden für das Deutsche Museum in München dar: »Fahrt der Reichstagsmitglieder«, »Landung in München« (1910), »Manzell«, »Über der Erde« (1911) und »Über den Wolken«. Nur eines seiner Bilder hat die Zeit überdauert und befindet sich heute im Zeppelin Museum in Friedrichshafen. Der Zeppelin fand seinen Weg auf fast jedes erdenkliche Produkt, unter anderem auf Kacheln, Wandteller, Handtücher, Geldbörsen, Spielzeug und vieles mehr.

Aufklärung über See. Künstlerischer Blick auf ein Marineluftschiff, Helgoland und die kaiserliche Hochseeflotte.

Geschwaderangriff bei Nacht nach einer Gouache von Aldof Bock. Vom Mond beschienen im Schneetreiben Richtung London. Martialischer Krieg im Künstleratelier. Kein Luftschiffer wäre bei solch einem Wetter aufgestiegen.

2. Erster Weltkrieg

Die Entwicklung und der Weiterbau der Luftschiffe wurden durch die militärische Nutzung während des Ersten Weltkriegs angetrieben. Graf Zeppelin verstand es als ehemaliger Soldat von Anfang an, diesen Bedarf zu nutzen. Es gab in dieser Zeit große Unterschiede hinsichtlich der Verwendung von Zeppelin-Luftschiffen in den Heeres- und Marine-Luftschiffer-Abteilungen.

Die Marine-Luftschiffer-Abteilung besaß insgesamt 63 Zeppeline und acht Schütte-Lanz-Luftschiffe, und da sie mehr Fahrten unternahmen als die Heeresluftschiffe, betrug hier die durchschnittliche Lebensdauer pro Schiff nur 262 Tage. Ein Heeresluftschiff blieb dagegen 328 Tage im Dienst.

Die Marine misstraute den aus Holz gebauten Schütte-Lanz-Luftschiffen, und somit wurden sie seltener eingesetzt.

Die Lebensdauer der Luftschiffe in Heer und Marine hing maßgeblich von der Zahl der Fahrten ab. Die Marine legte mit ihren Luftschiffen insgesamt 2,4 Millionen Kilometer zurück, das Heer nur 600 000 km. Die Marine nutzte ihre

Luftschiffe auf zahlreichen Aufklärungsfahrten, hauptsächlich um die Position der englischen Flotte zu erkunden. Insgesamt wurden 344 Aufklärungsmissionen durchgeführt.
Die darauf folgenden Angriffsfahrten gegen England waren der Grund für die kurze Lebensdauer der Luftschiffe. 191 Angriffsfahrten wurden durch Marineluftschiffe gegen England durchgeführt, im Gegensatz zu nur 23 des Heeres. Das Heer führte 126 Angriffsfahrten im Westen, 75 im Osten und 31 im Südosten durch.
1915 was das militärisch erfolgreichste Jahr der Zeppelin-Luftschiffe. Obwohl nur relativ wenige Angriffsfahrten durchgeführt wurden, waren die Schäden durch die deutschen Bomben erheblich. 1916 und 1917 wurden viele Luftschiffangriffe auf England gefahren, jedoch mit nur mäßigem Erfolg. Die Gesamtzahl der Bombenabwürfe betrug 5806 Bomben oder 196,5 t. Es gab 1358 Verletzte, und 557 Engländer kamen zu Tode.
Der Verlust bei den Luftschiffern war hoch, im Vergleich zu anderen Einheiten aber gering. Die Heeresluftschiffer verloren 52 Soldaten, und 21 wurden als Kriegsgefangene vermisst. Die Marineluftschiffer verloren 389 Soldaten, und 147 gingen in Kriegsgefangenschaft. Es liegen allerdings unterschiedliche Zahlen vor. Otto Henningsen gab eine Zahl von 59 Toten beim Heer und 416 bei der Marine an, Ernst Lehmann 65 beim Heer und 436 bei der Marine.
So ergibt sich bei den Luftschiffer-Einheiten ein Verlust von etwa fünf Prozent, wogegen die Heeresflieger (Flugzeuge) an der Westfront 15 Prozent Verlust pro Monat erlitten.
Die Heeres-Luftschiffer-Abteilung besaß während des Kriegs 49 Luftschiffe, die in 41 Luftschiffhallen auf 38 Standorte verteilt waren. Die Marine hatte 54 Luftschiffe mit 37 Luftschiffhallen, die auf 16 Standorte verteilt waren.

Die Hallen selbst waren größer, meist Doppelhallen, somit länger nutzbar, und sie benötigten weniger Personal. Das Zusammenlegen der Hallen zu Doppelhallen aus Kostengründen führte jedoch auch zu einer Katastrophe. Am 5.1.1918 fing ein Luftschiff in Ahlhorn Feuer, und die darauf folgende Explosion zerstörte zahlreiche Hallen und Luftschiffe.
Die Marine-Luftschiffer-Abteilung bestand aus etwa 5965 Offizieren und Soldaten, davon 354 Piloten und Soldaten bei der Luftabwehr der Hallen. Dagegen setzte die Heeresleitung etwa

Die Marineluftschiffe L 11 (LZ 41) und L 6 (LZ 31) sind ausgehallt und kurz vor dem Aufstieg zu einem gemeinsamen Unternehmen im Herbst 1915 (ganz oben). Strandung im Hafen von Ostende. Nach nur knapp zwei Monaten operativer Dienstzeit kam das Ende von L 12 (LZ 43) am 10. August 1915 (oben).

Innenblick in den Bug von L 71 (LZ 113) mit dem Laufgang auf der Bodenseite und noch ohne Gaszellen. Dieses Luftschiff kam nicht mehr zum Kriegseinsatz.

4000 Offiziere und Soldaten bei den Luftschiffen ein. Insgesamt waren 17 000 Arbeiter mit dem Bau von Luftschiffen beschäftigt.
Das deutsche Militär nutzte das Luftschiffprogramm, um von der Problematik des deutschen Flugzeugbaus abzulenken. 1914 hatte Deutschland zusammen mit Österreich insgesamt 1418 Flugzeuge. Dagegen stellten England, Frankreich und Russland zusammen nur 1321 Stück her. Diese Situation stellte sich 1918 jedoch ganz anders dar. In diesem Jahr besaßen Deutschland und Österreich immerhin noch 16 561 Flugzeuge, die Alliierten jedoch schon 75 161.
Die deutsche Militärleitung setzte nach anfänglichem Zögern zu Beginn des Kriegs ihre Planungen zu sehr auf das Luftschiff. Die technologische Entwicklung des Flugzeugs ließ das Luftschiff aber in kürzester Zeit weit hinter sich. Die großzügigen Aufträge für Luftschiffe, der Hallenbau, die Herstellung von Ersatzteilen sowie der spätere Flugzeugbau boten den Zeppelin-Konzernen mit ihren Tochterunternehmen eine gute wirtschaftliche Auslastung, die den Erfolg des Zeppelin-Systems sicherte. Gleichzeitig dienten die Investionen der weiteren Entwicklung der Zeppeline, die während des Kriegs immer größer und leistungsfähiger wurden und somit technisch imstande waren, ihre Rolle als späteres Transatlantik-Verkehrsmittel zu erfüllen.
Die Moral der deutschen Nation und die Zuversicht, den Krieg durch den Einsatz von U-Booten und Zeppelinen zu gewinnen, waren für die deutsche Militärführung ein wichtiger Aspekt. Graf Zeppelin war ein Nationalheld, und »seine« Zeppeline wurden überall zu Propagandazwecken eingesetzt, um die Hoffnung aufrechtzuerhalten, der Krieg könne dennoch gewonnen werden.
Während des Kriegs wurde der Einsatz von Flugzeugen immer wichtiger, aber auch hier waren die Zeppelin-Firmen in der Lage, die Anforderungen des Militärs zu erfüllen. Ob die Abteilung Dornier, Luftschiffbau Staaken oder Flugzeugbau Friedrichshafen – die Zeppelin-Tochtergesellschaften verstanden es, die technischen Neuerungen der Zeppeline im Flugzeugbau zu nutzen und umzusetzen.

Motorengondel von L 40 (LZ 88) mit zwei HSLU-Motoren von Maybach, die eine Luftschraube antrieben (oben links).

Halten vor dem Kommando zum Loslassen für den Aufstieg. Führergondel des Marineluftschiffes L 52 (LZ 98) in Wittmundhafen 1917 (oben rechts).

Führergondel von L 52 in der Halle von Wittmundhafen. Die Ballastsäcke halten das Luftschiff am Hallenboden.

LZ 87 vom First einer Luftschiffhalle aus fotografiert. Sehr gut zu erkennen ist der Maschinengewehrstand auf der Bugoberseite des Marineluftschiffes (L 47).

L 42 ohne Außenhülle. Im Gerüst der Fertigungsnummer LZ 91 sind die teilweise probegefüllten und eingehängten Gaszellen zu sehen.

Graf Zeppelin im Ersten Weltkrieg

Während seines langen Lebens wurde Ferdinand Graf von Zeppelin von zahlreichen Institutionen und Städten geehrt. Er wurde Ehrenbürger von Baden-Baden, Friedrichshafen, Konstanz, Lindau, München, Stuttgart, Ulm und Worms. Die Königlich Sächsische Technische Hochschule verlieh ihm am 28.11.1906 den Ehrendoktor für Ingenieurwesen. Er erhielt zudem Ehrendoktortitel von den Universitäten Tübingen und Stuttgart. Im Mai 1907 wurde er Ehrenmitglied der Württembergischen Ingenieurvereinigung, und im folgenden Jahr verlieh der VDI (Verein Deutscher Ingenieure) ihm die Gasthof-Medaille, die höchste Auszeichnung des Vereins.

Zeppelin war eine populäre Figur, die von der Militärpropaganda gezielt eingesetzt wurde, um das deutsche Volk die Kriegsanstrengungen so lange wie möglich erdulden zu lassen. Der Bevölkerung wurde ein möglicher Sieg durch tech-

Aufklärung über der Nordsee für die Hochseeflotte. Eine Aufgabe, der die Marineluftschiffe nur in Schönwettergrenzen gerecht wurden.

Künstlerische Vorstellung von einem Flugzeugangriff auf ein Luftschiff. Alles, was auf dem Gemälde von 1917 fliegt, ist technisch veraltet. Es war Krieg, und die Künstler wurden mit aktuellen Informationen kurzgehalten.

DER VEREIN DEUTSCHER INGENIEURE
HAT IN SEINER 49sten HAUPTVERSAMMLUNG
ZU DRESDEN 1908
SR. EXZELLENZ HERRN Dr. Ing.
GRAF FERDINAND VON ZEPPELIN
GENERAL DER KAVALLERIE IN STUTTGART
DER AN DER SCHWELLE DES GREISENALTERS MIT DEM KÜHNEN MUT DES JÜNGLINGS UND DER TATKRAFT UND AUSDAUER DES MANNES DEM URALTEN SEHNEN DER MENSCHHEIT, SICH DEM VOGEL GLEICH FREI IN DEN LÜFTEN BEWEGEN ZU KÖNNEN, ERFÜLLUNG BRACHTE, DIE
GRASHOF-DENKMÜNZE
VERLIEHEN, WORÜBER DIESE URKUNDE AUSGEFERTIGT IST.
BERLIN, DEN 29. JUNI 1908
A. Slaby VORSITZENDER. KURATOR. Th. Peters DIREKTOR.
PETER SCHNORR

Verleihungsurkunde der Grashof-Denkmünze für Graf Zeppelin.

nologische Fortschritte sowohl beim U-Boot- als auch beim Zeppelinbau vorgegaukelt.
Der Zeppelin war der »König der Lüfte« und konnte eine gefährliche Bombenladung mit großer Reichweite zunächst ohne Bedrohung durch feindliche Flugzeuge transportieren und abwerfen. Obwohl die Effektivität der Angriffe weit übertrieben wurde, stellten sie eine starke moralische Unterstützung dar. Zu keiner Zeit besaß Deutschland wirklich genügend Zeppeline und insbesondere Wasserstoff, um sie als dauerhafte Kriegswaffe einzusetzen. Unterstützt wurde die Propaganda für den Zeppelin durch zahlreiche Lieder, Gedichte, Verse, Kunstwerke und Postkarten. Dieses Phänomen ist von Fritzsche (1992) so dargestellt worden: »Die Geschichte des modernen Nationalismus und der modernen Technologie sind untrennbar miteinander verflochten. Zeppelin wurde durch die Propaganda zu einem Nationalheld, aber Nationalhelden werden auch durch Propaganda missbraucht.«

Trauerfeier zur Bestattung des Grafen Zeppelin, der am 8. März 1917 nach einer Magenoperation verstarb.

Graf Zeppelins Tod und Vermächtnis

Am 15.2.1917 wurde Graf Zeppelin wegen Magenbeschwerden operiert. Er starb am 8.3.1917 um 11:30 Uhr an einer Lungenentzündung und wurde vier Tage später auf dem Stuttgarter Pragfriedhof beigesetzt.

König Wilhelm II. und 20 000 Trauergäste kamen zur Beisetzung. Zu Ehren des Erfinders der starren Luftschiffe und Leichtmetallflugzeuge sowie des Gründers des Zeppelin-Luftschiffbaus überflog LZ 91 den Friedhof, und sein altes Ulanen-Regiment hielt die Ehrenwache.

Graf Zeppelin war es vergönnt, den größten Teil seines Erfolgs und den Erfolg seines Systems, die schnelle Entwicklung der DELAG, die frühen Einsätze während des Ersten Weltkriegs und die ersten Jahre der Flugzeugentwicklung zu erleben. Sein Tod war gleichzeitig das Ende einer Epoche.

Bei der Explosion am 5.1.1918 in Ahlhorn wurden vier Luftschiffhallen mit insgesamt fünf Luftschiffen der neuesten Bauart zerstört. Die Konsequenz war, dass über die Kriegseinsätze der starren Leichter-als-Luft-Fahrzeuge neu diskutiert wurde. Kurze Zeit später war auch das Ende der Monarchie in Deutschland gekommen.

Mit dem Kriegsende 1918 musste sich der Luftschiffbau Zeppelin im Rahmen des Friedensvertrags von Versailles den grundlegenden Bestimmungen für den weiteren Bau von Luftschiffen und Flugzeugen unterwerfen. Die Zeppelinhallen in Friedrichshafen durften stehen bleiben, sodass Deutschland noch einen

Ahlhorn südlich von Oldenburg, eine der größten Stationen der Marineluftschiffe (oben links).

Nach der verheerenden Explosion vom 5. Januar 1918 mit 15 Toten nur noch ein Trümmerfeld. Vier Hallen und fünf neue Luftschiffe wurden in 40 Sekunden vernichtet (oben rechts).

Trauerschmuck zur Beisetzung Graf Zeppelins auf dem Pragfriedhof in Stuttgart am 12. März 1917.

Beschauliche Friedensruhe. Luftschiff Z III mit Angehörigen des Reichstages an Bord bei Lindau am 4. September 1909. Reproduktion eines Gemäldes von Michael Zeno Diemer (1867–1939).

Einsatz im Krieg. Durch den Bordscheinwerfer beleuchtet, bombardiert ein Marineluftschiff feindliches Terrain. Postkartenmotiv von Hans R. Schulze.

Am 20. August 1919 stieg LZ 120 »Bodensee« zur ersten Fahrt auf.

Zeppelin, LZ 126, als Kriegsreparation für die USA bauen konnte.
Die Halle in Seddin blieb ebenfalls erhalten, um die Polarfahrt von Umberto Nobile zu ermöglichen. Das italienische Luftschiff N-2 »Italia« landete dort am 28.4.1928. Alle anderen Zeppelinhallen wurden abgerissen.

Hugo Eckener spielte in jener Zeit eine immer wichtigere Rolle innerhalb der Luftschiffbau Zeppelin GmbH und schaffte es, eine Wiedergeburt des Zeppelin-Passagierdienstes mit LZ 127 »Graf Zeppelin« und LZ 129 »Hindenburg« zu erreichen.

3. Im Zeitalter des Luftverkehrs

Nach dem Ausfall der großen Luftschiff- und Flugzeugaufträge stand der Luftschiffbau Zeppelin vor dem Ruin. Jedes Tochterunternehmen versuchte, in seiner Nische weiter für den zivilen Luftverkehr zu wirken. So setzte Luftschiffbau Staaken auf die Entwicklung des Staaken-Passagierflugzeugs. Obwohl die Konstruktion ihrer Zeit weit voraus war und das Flugzeug ein Wendepunkt hätte sein können, wurde das Projekt durch den Versailler Vertrag beendet.

Die Zukunft der Firma Zeppelin lag bei der Luftschifffahrt und ihrer Entwicklung. Kapitän Lehmann schlug vor, das Luftschiff LZ 114 (L 72), das nicht mehr von der Marine-Luftschiffer-Abteilung übernommen worden und somit noch Eigentum vom Luftschiffbau Zeppelin war, in die USA zu überführen und mit ihm zum ersten Mal den Atlantik zu überqueren.

Die deutsche Regierung in Berlin lehnte eine solche Fahrt aber ab, was wahrscheinlich eine kluge Entscheidung war. Die Überfahrt hätte vor allem die französische Regierung verärgert, sodass eine Besetzung von Friedrichshafen und möglicherweise sogar die Demontage der Luftschiffbauhallen zu befürchten war.

Am 27.1.1919 wurde entschieden, ein kleines Passagierluftschiff zu bauen. Dieses Luftschiff sollte als Werbeträger der Firma dienen und den Weg für zukünftige Projekte ebnen. Dr. Paul Jaray wurde Projektleiter, und das Luftschiff LZ 120 »Bodensee« absolvierte am 20.8.1919 seinen ersten Flug. Die Gondel wurde in fünf

Ein kurzes Stück der Passagiergondel von LZ 120 »Bodensee«. Für den erhöhten Reisekomfort hatte das Luftschiff auch ein Passagierabteil 1. Klasse.

Fast wie ein Spielzeug: die »Los Angeles« in der Luftschiffhalle von Lakehurst (oben links).

ZR III »Los Angeles« am Ankermast des Luftschiff-Mutterschiffes »USS Patoka« (oben rechts).

Abteilungen für je vier Passagiere, eine private Abteilung und eine erste Klasse ganz vorn unterteilt, in der ein Passagier Platz fand. Im Heck befand sich ein Waschraum, und ein Steward versorgte die Passagiere während der siebenstündigen Fahrt zwischen Friedrichshafen und Berlin-Staaken. Das Luftschiff wurde von 16 Besatzungsmitgliedern geführt.
In der folgenden Zeit unternahm LZ 120 »Bodensee« täglich eine Fahrt und legte mit insgesamt 2253 Passagieren an Bord 51 258 km zurück.
Am 5.12.1919 stellte die DELAG die Fahrten wetterbedingt ein. Im gleichen Zeitraum wurde ein zweites Luftschiff fertiggestellt, LZ 121 »Nordstern«.
Um einem Kapern zuvorzukommen, versenkten am 23.6.1919 die Besatzungen die deutsche Flotte in Scapa Flow und zerstörten auch zahlreiche Luftschiffe in ihren Hallen. In Nordholz wurden LZ 46 (L 14), LZ 79 (L 41), LZ 91 (L 42), LZ 110 (L 63) und LZ 111 (L 65), in Wittmundhafen LZ 98 (L 52) und LZ 103 (L 56) durch die Belegschaft vernichtet. Die alliierte Kontrollkommission war als ausführendes Organ des Versailler Friedensvertrags verärgert über dieses Verhalten. Die weiteren DELAG-Fahrten wurden verboten und die Luftschiffe beschlagnahmt. LZ 120 wurde am 3.7.1921 an Italien übergeben und LZ 121 am 13.6.1921 an Frankreich. Gleichzeitig wurde auch dem Flugzeugbau ein Ende gesetzt. Somit stand die Firma Zeppelin wieder vor dem Ruin.

Zwischen den Kriegen

Durch den verlorenen Ersten Weltkrieg gelangten sämtliche Tochtergesellschaften des Luftschiffbaus in Schwierigkeiten. Es musste saniert und umstrukturiert werden, um nicht alle Firmen in den Bankrott zu reißen. In dieser Zeit der Not behielt Direktor Alfred Colsman einen kühlen Kopf, und da keine Aufträge für Luftschiffe in Aussicht waren, musste die Luftschiffbau GmbH auf andere Weise profitabel bleiben. Man stellte Bedarfsgegenstände aus Aluminium her, die nach dem Krieg Mangelware waren, wie Teller, Zitronenpressen, Krüge, Kerzenleuchter, Serviettenringe, Aschenbecher, Schalen, Tabletts, Töpfe und Kämme. Insgesamt wurden über 350 verschiedene Produkte in jeder erdenklichen Form und Größe produziert. Viele Jahre lang sicherten diese Produkte der Firma hohe Umsätze, und gleichzeitig wurden die Kenntnisse der Aluminiumverarbeitung erhalten und die qualifizierten Arbeitskräfte weiterbeschäftigt.

Die Besatzung von LZ 127 vor der Atlantiküberfahrt in die USA im Herbst 1928 (von links nach rechts): German Zettel, Adolf Wenzler, Willi Dimmler, Eugen Schäuble, August Grözinger, R. Schädler, Wilhelm Siegle, Oskar Rösch, Karl Beuerle, Hans Auer, H. Pfaff, Albert Thasler, Martin Christ (mit Maskottchen), Richard Halder, Philipp Lenz, (unbekannt), Richard Kunze, Albert Leichtle und Wilhelm Fischer.

Die in Handarbeit hergestellten Produkte wurden im Stil des Dessauer Bauhaus gestaltet, das in den frühen 1920er-Jahren populär war. Sie waren daher verhältnismäßig teuer, dennoch waren sie in ganz Deutschland bekannt und ließen sich gut verkaufen. Innerhalb des Luftschiffbaus gab es eine Sonderabteilung, Abt. ZZ, die die Entwicklung und den Verkauf organisierte. Alle Produkte wurden durch einen kleinen, eingeprägten Zeppelin am Boden gekennzeichnet, und ihre Herstellung wurde bis weit in die 1930er-Jahre hinein fortgeführt.

Neben der Produktion von Artikeln des täglichen Bedarfs wurden auch andere Gegenstände hergestellt, etwa die Gondeln der Pfänderbahn in Bregenz, eine Buchungsmaschine für die Firma Taylorix, Gussteile für Autohersteller, Maschinen zum Verschließen von Dosen, Staubsauger und Saphire. Direktor Colsman gründete außerdem zusammen mit der Stadt Ravensburg die Oberland Milchverwertung Ravensburg GmbH Omira zur Butterherstellung.

Hugo Eckener engagierte sich zu dieser Zeit für die Rettung der Zeppelin-Technologie. Durch die Zusammenarbeit mit Paul W. Litchfield (26.7.1875–18.3.1959), Präsident der »Goodyear Tire and Rubber Company«, wurde am 19.9.1923 die »Goodyear-Zeppelin Corporation« in Akron, Ohio, gegründet. Durch diesen Zusammenschluss bekamen die USA die Rechte an Patenten der Luftschiffbau GmbH, und im Gegenzug erhielt Friedrichshafen Zugang zu amerikanischen Patenten sowie eine 30-prozentige Aktienbeteiligung. Zusammen mit zwölf technischen Experten ging Dr. Karl Arnstein in die USA und wurde Vizepräsident. 1928 bekam die Firma »Goodyear-Zeppelin« den Auftrag, zwei Luftschiffe für die U.S. Navy zu bauen.

Zunächst überzeugten Eckener und die Luftschiffbau Zeppelin GmbH die deutsche und die amerikanische Regierung, ein neues deutsches Zeppelin-Luftschiff als Teil der Reparationsleistungen für die USA zu bauen. Bis dahin waren die USA im Gegensatz zu anderen Siegernationen von dieser Technologie ausgenommen.

LZ 126 kostete den deutschen Staat 3 031 665,- Goldmark, und für die amerikanische Regierung kamen 640 000,- Goldmark für die Ausbildung der U.S. Navy-Mannschaft und für Ersatzteile hinzu. Das Luftschiff hatte eine Länge von 200 m und einen Durchmesser von 27,64 m. Es erreichte eine Höchstgeschwindigkeit von 127 km/h, die durch fünf VL-1-Maybach-Motoren ermöglicht wurde. Fünf Abteile boten 20 bis 30 Passagieren Platz, doch sie wurden später in den USA umgebaut. Nach der ersten Probefahrt am 27.8.1924 erfolgten zwei weitere Fahrten am 6. und 11.9. mit Passagieren an Bord. Eine weitere

Das edle Bordporzellan für LZ 127 »Graf Zeppelin« produzierte Heinrich & Co. im bayerischen Selb.

Man hatte immer Gegenlicht zum Fotografieren. Eine Ecke des Aufenthalts- und Speiseraums in der Passagiergondel von LZ 127 nach dem Umbau in den 1930er-Jahren (oben rechts).

Zu perfekt ausgeleuchtet und mit Personen staffiert, um spontan auf einer Reise entstanden zu sein. Der Aufenthalts- und Speiseraum für die Passagiere hatte nur 20 Plätze. Ein vielfach verbreitetes Werbefoto von 1929.

Fahrt fand am 13.9. statt, und am 25.9. folgte eine 34-stündige Dauerfahrt mit 71 Passagieren an Bord. Trotz dieser erfolgreichen Fahrten fand Eckener keine Versicherung, die seine Atlantiküberquerung ins Risiko nehmen wollte.
Nachdem Eckener die Luftschiffbau Zeppelin GmbH als Sicherheit für die Atlantiküberführung hinterlegt hatte, kam LZ 126 am 15.10.1924 um 4:15 Uhr morgens in Boston an und flog weiter in Richtung New York City. Eckener, immer ein PR-Mann, warf einen kleinen Zettel mit einem Fallschirm über Bord: »New York, we salute you. In respect to the skyline of this wonderful metropolis, the ZR III dips its bow and sends sincere greetings to the people of America. We hope that our trans-Atlantic flight will be the forerunner of a fruitful epoch of cordial cooperation between our two nations in developing Count Zeppelin's immortal achievements in the conquest of the air by LTA. Thus we will work hand in hand at the task of bridging time and distance, thereby binding all nations of the earth more closely together. Signed Eckener.« (New York, wir grüßen dich. In Respekt vor der Skyline der wundervollen Stadt neigt ZR III den Bug und überbringt unsere Grüße an das amerikanische Volk. Wir hoffen, dass unsere Transatlantikfahrt der Vorläufer einer fruchtbaren Epoche von herzlicher Kooperation zwischen unseren beiden Nationen sein wird, um Graf Zeppelins unsterbliche Eroberung der Lüfte durch die Leichter-als-Luft-Technologie weiterzuentwickeln. Auf diese Weise, Hand in Hand, werden wir Zeit und Distanz überwinden und alle Nationen dieser Erde enger miteinander verbinden. Gezeichnet Eckener.)
Das Luftschiff landete in Lakehurst, New Jersey, etwa 80 km von New York entfernt, und wurde von den Amerikanern ZR III »Los Angeles« getauft. Hugo Eckener und seine Kapitäne wurden von U.S.-Präsident Calvin Coolidge ins Weiße

LZ 127 »Graf Zeppelin« über dem Hauptbahnhof von Frankfurt am Main.

Luftschiff »Graf Zeppelin« in der riesigen Luftschiffhalle von Lakehurst nahe New York.

Haus eingeladen. Danach nahmen sie an ihrer ersten Konfettiparade in New York City teil.
Wichtig für die Zukunft der Zeppelinfahrten war auch der Transport von 150 kg Post bei der ersten Atlantiküberquerung. Mit einer Gebühr von 50 Pfennig für Postkarten und 1,- Reichsmark für Briefe war es ein lohnendes Geschäft und eine schnelle Beförderungsmöglichkeit. LZ 126 beziehungsweise ZR III »Los Angeles« wurde erst 1938 abgewrackt und erreichte somit eine der längsten Dienstzeiten aller Luftschiffe.
Als Hugo Eckener am 23.11.1924 zurück nach Deutschland kam, hatte er die Grundlage für den Passagierverkehr zwischen Deutschland und den USA gelegt und vieles für die deutsch-amerikanischen Beziehungen getan. Nach dieser ersten Atlantiküberquerung erhielt er den Beinamen »Kolumbus der Lüfte« und wurde mit vielen Auszeichnungen geehrt.
Ein Jahr später entschloss sich Eckener, Gelder für den Bau eines neuen Passagierluftschiffs zu sammeln, und so entstand die Zeppelin-Eckener-Spende (ZE-Spende). Eckener reiste zusammen mit den Kapitänen Ernst Lehmann, Hans von Schiller und Hans Flemming sowie den Steuermännern Anton Wittemann und Max Pruss durch ganz Deutschland, um bei Vorträgen oder Diavorführungen in vielen Dörfern und Städten Spendengelder für das Projekt zu sammeln. Fast zwei Jahre lang waren sie unterwegs, um ihr Ziel zu erreichen.
Der deutschen Regierung war nicht wohl bei der Sache, da sie befürchtete, dass die Bestimmungen des Versailler Vertrags noch strenger ausgelegt werden könnten. Das deutsche Militär war besorgt, das Interesse am Luftschiffbau ginge auf Kosten der Fliegerei und ihrer Entwicklung. Eckener, seine Kapitäne, seine Steuermänner und weitere Vertreter der ZE-Spende durften daher nicht überall in Deutschland auftreten.
Die Situation entspannte sich am 16.10.1925 durch den Vertrag von Locarno, der die Bestimmungen des Versailler Vertrags lockerte, insbesondere in Bezug auf den Bau von Luftschiffen. Insgesamt wurden bis zum Januar 1927 rund 2,7 Millionen Reichsmark gesammelt, was etwa 30 Prozent der vorgesehenen Baukosten eines neuen Zeppelins entsprach. Die Zukunft schien gesichert.
Von Anfang an waren Eckener und der Luftschiffbau Zeppelin GmbH bei der Planung des neuen Luftschiffs Grenzen gesetzt. Da nicht genug Geld vorhanden war, musste man seine

Graf Zeppelin

Zur Erinnerung an die Amerikafahrt 1928

Hoch in den Lüften, bei Regen und Wind,
Metallener Leib durch Boen sich ringt,
Motore summen das eiserne Lied,
Als wollte sich wehren ein jedes Glied,
Gegen die nasse, die schauernde Macht,
„O, Führer gib acht!" —

Tief unten brüllet der gähnende Schlund,
Ewiges Meer, ewiger Grund.
Hoch in den Lüften,
Über Klippen und Riff,
Steuert erhaben das riesige Schiff. —
Fern von der Heimat, nach fremdem Land,
Eckener führet mit sicherer Hand,
Deutschlands ewiges Unterpfand.

Alles ist leer und alles ist stumm,
Finstre Nacht ringsherum.
Millionen Herzen schlagen ihm zu,
Sein Deutschland wartet vertrauend in Ruh.

Bis einmal die Stunde mit Jubel erwacht,
Bis einmal gebrochen der Sturm in der Nacht.
Noch immer feget die Windsbraut einher,
Und schnobet und sauset am Wolkenmeer.
Wütend kreischt sie nach schrecklichem Trumpf,
Und bricht am Steuer des Schiffes Rumpf,
Treibt spielend die Hülle bei Seite.

Doch bald klettert dem Schiff entlang,
Ein junger, ein beherzter Mann
Und schafft und bessert mit heiligem Feuer,
Des Schiffes Steuer.

Und als in der Heimat mit Bangen man fragt,
Wann wird das Luftschiff wohl stranden?
Wir hören im Jubel, - was der Funkspruch uns
„Das Ziel erreicht – wir landen." [sagt:

Du hast es geschafft, du deutscher Mann,
Dir Ehre und Ruhm Dr. Eckener.
Wer kommt vom Meer zur Heimat hin? –
„Graf Zeppelin!" —

Emil Hassold.

Gedicht zur Erinnerung an die erste Amerikafahrt von LZ 127 am 11. September 1928.

Zum gleichen Anlass das Gemälde »Auf der Fahrt nach Amerika« von Adolf Bock (1890–1968).

Maße an eine 1916 gebaute Kriegsluftschiffhalle in Friedrichshafen anpassen. Das war eine unglückliche Situation, da dieses neue Luftschiff möglichst viele Passagiere über den Atlantik transportieren sollte, um rentabel zu sein. Um das Luftschiff doch größer bauen zu können, wurde die Gondel zum Teil in das Luftschiff hineinversetzt. Durch diese Modifizierung konnte der gesamte Innenraum der vorhandenen Luftschiffhalle ausnutzt werden, und LZ 127 bekam ein Gasvolumen von 105 000 m^3.
Die nutzbare Hallenlänge und damit auch die Länge von LZ 127 betrugen 236 m, das Luftschiff konnte 20 Passagiere, 43 Mann Besatzung sowie 13 t Fracht und Post transportieren. Fünf Maybach-VL-2-Zwölfzylinder-Motoren leisteten je 550 PS und verbrauchten 290 kg Treibstoff pro Stunde, wobei eine Strecke von etwa 100 km zurückgelegt werden konnte. Zum ersten und einzigen Mal wurde bei LZ 127 Blaugas (eine Mischung verschiedener Gase) verwendet, um Gewicht zu sparen. Das Luftschiff konnte etwa 100 Stunden lang und 10 000 km weit fahren, ohne aufzutanken.
Die Gondel von LZ 127 war wie folgt aufgeteilt: Hinter dem Führerhaus befanden sich Kartenraum, Radioraum und die Küche, darauf folgten die Passagierräume. In ihnen befand sich vorn ein Salon mit vier Tischen und 16 Sitzplätzen, der den Fahrgästen während der Fahrt zur Verfügung stand. Der Salon diente gleichzeitig auch als Speiseraum. Am Gang nach hinten lagen links und rechts die Passagierkabinen, in denen sich zwei Etagenbetten und ein nach außen zu öffnendes Fenster – aber keine Heizung – befanden. Waschraum und Toilette lagen am Ende des Gangs, aber da das Gewicht so gering wie möglich sein musste, gab es nicht viel Wasser für die Gäste.
Am 8.7.1928, dem 90. Geburtstag von Graf Zeppelin, taufte seine einzige Tochter, Hella Gräfin von Brandenstein-Zeppelin (28.11.1879–6.12.1967), das neue Luftschiff auf den Namen »Graf Zeppelin«. In den folgenden Jahren führte das Luftschiff zahlreiche Fahrten durch: 1929 eine Weltreise, 1930 die Pan-Amerika-Fahrt, 1931 die Polarfahrt und im April eine Ägyptenreise sowie 1933 die Fahrt nach Chicago. Eckener hat es geschickt verstanden, diese Fahrten als Werbung für die Zukunft der Zeppeline einzusetzen.
Hinzu kamen regelmäßige Fahrten nach Südamerika, die der DELAG zahlende Fahrgäste brachten; dabei wurde mit bisher unerreichter Schnelligkeit Post und Fracht transportiert. Die Beförderung der Post war ein lohnendes Geschäft, da nicht nur die zahlreichen Geschäftsbriefe transportiert, sondern auch die Sonderwünsche der Sammler – beispielsweise Sonderbriefmarken – berücksichtigt wurden. Es ist wie ein spätes kleines Wunder, dass die Rede von Generalpostmeister Heinrich von Stephan aus dem Jahre 1874 Graf Zeppelin bewegte, sein Konzept für ein Luftschiff zu entwerfen, und dass 60 Jahre später gerade diese Luftschifffahrten durch die Postbeförderung rentabel wurden.
An diesen Erfolg knüpfte auch die NSDAP mit ihrer Propaganda an, für die LZ 127 trotz Protest von Eckener eingesetzt wurde. Am 1.5.1933 fuhr »Graf Zeppelin« beim »Tag der Nationalen Arbeit«, den die NSDAP auf dem Tempelhofer Feld in Berlin organisiert hatte, über Tausende von Zuschauern hinweg. Zu dieser Zeit wurde das Hakenkreuz auf den Hecksteuerflossen des Zeppelins angebracht.
Am 2.9.1933 überflog das Luftschiff Hunderttausende von Menschen, die sich auf dem Reichsparteitagsgelände der NSDAP in Nürnberg befanden. Auf diesem sogenannten Zeppelinfeld war LZ 5 (Z II) am 30.5.1909 um 10:40 Uhr gelandet. In dem von Leni Riefenstahl

gedrehten Film »Sieg des Glaubens« wird das Luftschiff LZ 127 als wirksames Propagandainstrument vorgeführt.
SS-Reichsführer Heinrich Himmler, SA-Führer Ernst Röhm und zahlreiche hochrangige Parteimitglieder fuhren am 28.9.1933 acht Stunden lang über Oberbayern. Vom 19. bis zum 20.5.1934 unternahm das Luftschiff eine Deutschlandfahrt. Bei der Fahrt vom 26. bis zum 29.3.1936 wurde »Graf Zeppelin« von der Partei zur Wahlkampagne für Hitlers Wiederwahl über Deutschland eingesetzt.
Die schon während des Ersten Weltkriegs vorhandene, patriotische Begeisterung der Bevölkerung für die Zeppeline wurde von den Nazis weitergeführt und missbraucht.
In diesem Zusammenhang wurde die Luftschiffbau Zeppelin GmbH umorganisiert. Die Deutsche Zeppelin Reederei (DZR) entstand am 22.3.1935 aus der DELAG, und die Luft-

Empfang der zurückgekehrten Besatzung der »Graf Zeppelin« nach der Weltfahrt am 1. September 1929 in Friedrichshafen. Rechts mit weißer Kommandantenmütze Ernst A. Lehmann und links daneben, mit Blumen, seine Frau.

hansa erwarb eine 50-prozentige Beteiligung an der neuen Reederei. Hugo Eckener verlor durch den Einfluss der NSDAP im Jahre 1936 seine Stelle als Direktor. Die NSDAP setzte ihre großen Pläne bei der DZR um, indem sie in Friedrichshafen eine neue Werfthalle bauen ließ. Das neu geplante Luftschiff, LZ 129 »Hindenburg«, wurde hier fertiggestellt.

Kapitän Lehmann übernahm, nachdem Eckener seines Postens enthoben worden war, eine wichtige Rolle in der neuen Firma DZR. Es entstand der Flug- und Luftschiffhafen Rhein-Main bei Frankfurt am Main. Die Fläche war für einen großen, zukünftigen internationalen Luftschiffverkehr mit bis zu 16 Zeppelinen ausgelegt, die zwischen Nord- und Südamerika sowie Japan verkehren sollten.

Tatsächlich wurden nur zwei Hallen auf dem Flughafen und eine in St. Cruz, Brasilien, gebaut.

Fotos vom Bau des LZ 129 »Hindenburg«. Die erste Fahrt erfolgte am 4. März 1936 (linke Seite).

Die »Hindenburg« am Ankermast von Lakehurst (unten).

Über dem Olympiastadion von Berlin während der Olympischen Spiele von 1936. Fotografiert aus einer Motorengondel des LZ 129 »Hindenburg«.

Die Eröffnung des Flug- und Luftschiffhafens Rhein-Main hing mit den Olympischen Spielen in Berlin zusammen. Während der Eröffnungsfeier der Spiele schwebte das Luftschiff »Hindenburg« majestätisch über das Olympiastadion hinweg, wo es Hitler und Tausende von Zuschauern aus aller Welt bewunderten. Leni Riefenstahl stellte diese Fahrt über dem Olympiastadion 1938 politisch wirksam im Film »Olympia« dar. Die ausländischen Besucher sollten von einem modernen deutschen Staat beeindruckt werden, in dem das Fliegen, ja sogar internationale Verbindungen, an der Tagesordnung waren.

Das Unglück von Lakehurst, USA, im Mai 1937 beendete den Einsatz von Zeppelinen zu Propagandazwecken. Dieses Unglück machte auch die technologische Unvollkommenheit des Fliegens mit Wasserstoff deutlich. Die Bilder der verbrannten Reste des Luftschiffs, das der Stolz der Nation gewesen war, wurden damals von der deutschen Presse nicht veröffentlicht. Dieses Unglück war der Anfang vom Ende des Luftschiffzeitalters.

Das Ende aller Luftschiffträume. LZ 129 explodierte und verbrannte bei der Landung in Lakehurst am 6. Mai 1937. 13 Passagiere und 22 Mann der Besatzung fanden dabei den Tod (links).

Ein Tag nach der Katastrophe von Lakehurst. Ehrenwache für die Opfer (unten links) und die Untersuchungskommission bei der Arbeit (unten rechts).

LZ 130, auch als »Graf Zeppelin II« bekannt, wurde am 14.9.1938 fertiggestellt, hat aber nie einen zahlenden Passagier transportiert. Die USA verweigerten die Lieferung von nicht brennbarem Helium, und somit durften keine Passagiere mehr befördert werden.
Bei der 24. Fahrt vom 2. bis zum 4.8.1939 kam

Motorengondel des LZ 130 »Graf Zeppelin II«, der erstmals am 14. September 1938 aufstieg.

Hören und Tasten waren hier gefragt. Funkraum des Luftschiffs »Hindenburg« mit Willy Speck am Telefunken-Allwellenempfänger.

ein deutsches Luftschiff zum letzten Mal zum Militäreinsatz. Diese Fahrt dauerte 48 Stunden, und man legte eine Strecke von 4203 km zurück, zum größten Teil entlang der englischen Küste. Es war eine Aufklärungsfahrt, um die Standorte der englischen Abwehrsysteme anzupeilen und zu bestimmen. Für diese Fahrt waren die Passagierräume in ein Labor umgebaut worden, und der Zugang war strengstens verboten. Bei der Landung in Frankfurt am Main wurden die »Passagiere« (Dr. Breuning und eine unbekannte Anzahl von Mitarbeitern) schnell am Rand des Flug- und Luftschiffhafens Rhein-Main abgesetzt, bevor die offizielle Landung erfolgte.

Die technische Entwicklung blieb nicht stehen, und schon bald war es möglich, den Atlantik mit einem Flugzeug nonstop zu überqueren. Als die Focke-Wulf Fw-200 V1 »Condor« (D-ACON) der Lufthansa die 6371 km lange Strecke zwischen Berlin und New York am 10.8.1938 zum ersten Mal erfolgreich überquert hatte, war das der Auftakt zur Fliegerei in großem Maßstab. Dieser Flug dauerte nur 20 Stunden, und somit verkürzte sich die Reisezeit dramatisch.

Als am 1.9.1939 zu Beginn des Zweiten Weltkriegs die beiden noch vorhandenen Luftschiffe, LZ 127 und LZ 130, in den Hallen auf dem Rhein-Main-Flughafen als Museumsstücke ausgestellt wurden, kamen Tausende von Zuschauern und bewunderten sie ein letztes Mal. Im März 1940 wurden sie allerdings abgewrackt und das Aluminium für den Flugzeugbau genutzt. Die Hallen wurden gesprengt, damit die Luftwaffe den Flugplatz für militärische Zwecke nutzen konnte. Somit waren die großen Tage der Zeppeline vorüber.

Die Zeppelin-Tochtergesellschaften arbeiteten später für die Kriegsrüstung. Dornier baute zahlreiche Flugzeuge, und in Friedrichshafen wurden Teile der V2-Raketen angefertigt, was

Dominiert hier schon das Flugzeug? »Flug- und Luftschiffhafen Rhein-Main«, ein Plakat von Helmut Tamm.

Das letzte Luftschiff seiner Gattung in Deutschland: LZ 130 »Graf Zeppelin II« wurde nach lediglich 30 Werkstatt- und Probefahrten im März 1940 auf Görings Befehl hin zerstört.

die Stadt später zum Ziel der alliierten Bombardierung machte.
Hugo Eckener versuchte nach dem Zweiten Weltkrieg im Alter von 79 Jahren, bei einer USA-Reise im April 1947 Unterstützung für den Wiederaufbau eines Luftschiffdienstes oder eine Wiederbelebung der »Goodyear-Zeppelin Corporation« zu erreichen. Kurz vor seiner Reise wurde die Deutsche Zeppelin-Reederei jedoch liquidiert. Am 28.1.1947 wurde die Zeppelin-Stiftung aufgelöst, und alle Gelder wurden der Stadt Friedrichshafen übertragen. Diese Mittel ermöglichten u. a. einen schnellen Wiederaufbau der zerstörten Stadt. Enttäuscht darüber, weil er und seine Kapitäne das meiste dieses Geldes zusammengetragen hatten, gab Hugo Eckener seine Ehrenbürgerschaft am 17.8.1950 an die Stadt Friedrichshafen zurück. In der Gewissheit, dass seine Zeppeline nie wieder neu entstehen würden, starb Dr. Hugo Eckener im Jahre 1954 in großer Verbitterung.

Unerfüllte Lieferhoffnungen der deutschen Luftschifffahrt. Produktion und Abfüllung des Edelgases Helium in den USA.

Nachkriegsdeutschland

Nach dem Zweiten Weltkrieg wurde Julius Österle Geschäftsführer der in der Liquidation befindlichen Luftschiffbau Zeppelin GmbH. Er wurde beauftragt, nach den Bestimmungen der Siegermächte die Firma aufzulösen. Es gelang ihm, Zeit zu gewinnen, sodass er aus dem Unternehmen eine Holdinggesellschaft formierte, die keine Produkte mehr herstellte, sondern nur noch ihre Tochtergesellschaften verwaltete. Er verstand es, wie zuvor Hugo Eckener nach dem Ersten Weltkrieg, die Demontage zu verhindern.

Zeppelin Luftschifftechnik GmbH

Zweifellos hat das Vermächtnis Graf Zeppelins sowohl die Leichter-als-Luft- als auch die Schwerer-als-Luft-Technologie vorangetrieben. Die glanzvollen Tage der großen starren Zeppeline sind jedoch Vergangenheit. Sie werden wahrscheinlich nie wieder im Rahmen von Passagierfahrten den Ozean überqueren oder – was auch nicht wünschenswert wäre – als Militärwaffe eingesetzt werden. Doch Friedrichshafen hat nach langen, qualvollen Diskussionen eine Wiedergeburt des Luftschiffbaus erlebt.
Im Jahre 1993 wurde die Zeppelin Luftschifftechnik GmbH in Zusammenarbeit mit der ZF Friedrichshafen AG und der Zeppelin GmbH gegründet. Heute ist die Firma als ZLT Zeppelin Luftschifftechnik GmbH & Co. KG bekannt. In den letzten Jahren wurde ein einfaches starres Luftschiff gebaut, LZ NT-07. NT steht für »New Technology« (neue Technologie) und die 07 für das ursprünglich geplante Heliumvolumen von 7000 m^3.
Innerhalb der Hülle sind auf der gesamten Länge zwölf Dreiecke aus Kohlenstofffasern verteilt, die mit drei Aluminium-Längsträgern

LZ NT-07 (Neue Technologie mit 7000 m³ Heliumgasvolumen): kleines Pflänzchen des Versuchs, die Luftschiffära noch einmal auferstehen zu lassen.

verbunden sind, an denen sich Triebwerke, Gondel und Leitwerke befinden.
NT-07 ist 75 m lang und hat einen Durchmesser von 14,2 m, mit einem Gasvolumen von 8425 m^3 Helium bei einem Gesamtgewicht von 8000 kg und einer Nutzlast von 1900 kg. Das Steuerungssystem ist revolutionär, denn die Schubkraft der drei 200-PS-Textron-Lycoming-IO-360-Motoren wird durch schwenkbare Propeller in alle möglichen Richtungen gelenkt. Die Geschwindigkeit beträgt 110 bis 125 km/h. Die Besatzung besteht aus ein oder zwei Mann, und zwölf Passagiere können befördert werden.
Zwei NT-07 wurden bisher verkauft. Das erste dieser Luftschiffe wurde am 18.9.1997 erfolgreich erprobt und an die japanische Nippon Airship Corporation geliefert. Das zweite (das vierte gebaute) NT-07-Luftschiff wurde für U.S. $ 8 Millionen »Airship Ventures« nach Moffett Field, Kalifornien, nicht weit von San Francisco, geliefert.
Die Planung für ein noch größeres NT-14-Modell mit 14000 m^3 Volumen wurde am 10.2.2005 begonnen, ist aber noch nicht abgeschlossen. Es soll eine Länge von etwa 85 m sowie einen Durchmesser von 16 m haben und 19 Passagiere transportieren können.
Im Januar 2001 wurde die Deutsche Zeppelin-Reederei GmbH (DZR) wieder gegründet, um die NT-07-Luftschiffe zu betreiben und Passagierfahrten zu ermöglichen. Die neue Deutsche Zeppelin-Reederei ist eine Tochtergesellschaft der Zeppelin-Luftschifftechnik. Ähnlich wie vor 100 Jahren, als die DELAG die Zeppeline vom Luftschiffbau erwarb, betreibt heute die DZR die NT-Luftschiffe der Zeppelin Luftschifftechnik GmbH. Auch die Werbung der NT-Luftschiffe wird von der Deutschen Zeppelin-Reederei übernommen.
Die DZR bietet regelmäßige Touristenflüge entlang des Bodensees und über verschiedene Großstädte Deutschlands an. Bisher haben schon mehr als 75000 Passagiere das gleiche Erlebnis wie vor 100 Jahren bei der DELAG genossen: die Welt von oben, ruhig und langsam vorbeigleitend und sehr beeindruckend.

Ein Zeppelinflug kann gebucht werden bei:
Deutsche Zeppelin-Reederei GmbH
Allmannsweilerstraße 132
88046 Friedrichshafen
Tel.: 07541/590 00
E-Mail: info@zeppelinflug.de

Der Traum, mit einem Zeppelin zu fliegen, ist dank seines Erfinders, Ferdinand Graf von Zeppelin, immer noch sehr lebendig.

Luftschiffe der Gegenwart				
LZ NT-07	erster Flug	letzter Flug	Name	Bemerkungen
D-LZFN	18.09.1997	21.09.2007	»Friedrichshafen«	verunglückte in Botswana
D-LZZR	19.05.2001	Juli 2004	»Bodensee«	verkauft nach Japan
JA 101Z	Juli 2004		»Yokoso! Japan«	
D-LZZF	09.02.2003			
D-LZNT	21.05.2008	14.10.2008		verkauft in die USA

Literatur

Bezirksamt Tempelhof-Schöneberg, Abteilung Museen Tempelhof und Archiv, Veronika Liebau.

Burger, O. (1987): Zeppelin und die Rüstungsindustrie am Bodensee. Zeitschrift für Sozialgeschichte des 20. und 21. Jahrhunderts. Heft 1/1987: 8–49. Heft 2/1987: 52–87.

Burr, G. (1982): Von Karl Maybach zur Motoren- und Turbinen Union Friedrichshafen GmbH. Markdorf.

Cohn, E. M. (1990): When Balloon Mail was Functional. Airpost Journal, März 1990: 103–110.

Colsman, A. (1933): Luftschiff voraus! Deutsche Verlags Anstalt (auch als Reprint: Hubert Zuerl Verlag, 1983).

Davies, R. E. G. (1991): Lufthansa – an Airline and it's Aircraft. Orion Books, New York.

Dennée, T. A. (1997): John La Mountain and the Alexandria Balloon Ascensions. Historic Alexandria Quarterly, 2, No.

Deutsche Zeppelin Reederei (2005): New Airship to be developed in Friedrichshafen. Presseinformation vom 10.2.2005.

Dörr, H. (1993): Wilhelm Ernst Dörr. Stadtverwaltung Überlingen.

Dunn, M. C.: Zeppelin in Minnesota – the Count's own Story. University of Akron.

Düring, R. W. (1985): Flugplatz Staaken – ein Stück Luftfahrtgeschichte. Volksblatt, Berlin.

Essers, I. (1988): Technik an meinem Lebensweg. Weishaupt Verlag. Graz.

Evans, C. M. (2002): War of the Aeronauts. Stackpole Books. Mechanicsburg, PA.

Fanton, B. (2001): Professor Thaddeus Lowe. America's Civil War Magazine, 9.

Fritzsche, P. (1992): A Nation of Fliers – German Aviation and the Popular Imagination. Harvard University Press. Cambridge.

Geiling, V. W. (2000): Zeppelins Erben. Verlag Stadler.

Grosz, P. M. (1988): The German Giants – the German R-Planes 1914–1918. Conway Maritime Press. London.

Haydon, F. S. (2000): Military Ballooning during the Early Civil War. Johns Hopkins University Press.

Heimat – Die Beilage zum Solinger Tageblatt: Wilhelm Ernst Dörr, 18.8.1955.

Herzfeldt, R. (ohne Datum): Geschäft und Aufgabe – ZF.

Hildebrandt, H. (1925): Zeppelin – Denkmal für das deutsche Volk. Germania-Verlag. Stuttgart.

Hoyt, E. P. (1974): Raider Wolf – the Voyage of Captain Nerger 1916–18. P. S. Eriksson. New York.

Industrie-Bibliothek Deutschlands Großbetriebe (1926): Der Luftschiffbau Zeppelin und seine Tochtergesellschaften. Verlag M. Schröderer. Berlin. Nr. 6.

Johnson, H. A. (1982): The General Staff Corps and Military Aviation before World War. Air University Review, Nov.–Dec.

Käfer, R. (2001): Alfred Colsman – ein ungewöhnlicher Unternehmer. Senn Graphischer Betrieb. Tettnang.

Lange, B. (1986): Typenhandbuch der deutschen Luftfahrttechnik. Bernard & Gräfe Verlag. Koblenz.

Marshall, M. L. (1965): The Story of the U.S. Army Signal Corps. New York.

Maskow-Mehlmann, R. (1994): Friedrichshafen in Diktatur, Krieg und Besatzungszeit 1933–1950.
Meighörner, W. (1994): Alfred Graf von Soden-Fraunhofen. Friedrichshafen.
Meighörner, W. (2006): Zeppelins Flieger – das Flugzeug im Zeppelin-Konzern. Friedrichshafen.
Metternich, Graf M. W. (1990): Distanz zur Masse. Lorch.
Meyer, H. C. (1991): Airshipmen, Businessmen and Politics 1890–1940. Smithsonian Institution Press. Washington D.C.
Parkinson, R. J. (1960/1961): United States Signal Corps Balloons, 1871–1902. Military Affairs, 24 (4): 189–202.
Provan, John (2000): Die deutschen Luftschiffhallen. Ingenieurwesen und Architektur bei der Entwicklung der Luftschifftechnologie. LZ-Collection, Kelkheim.
Rathke, K. (1953): Wilhelm Maybach – Anbruch eines neuen Zeitalters. Friedrichshafen.
Robinson, D. (unbekannt): Heinrich Mathy – the Last of the Knights. Unveröffentlichtes Manuskript.
Robinson, D. & H. G. Dick (1985): The Golden Age of the Great Passenger Airships: Graf Zeppelin and Hindenburg. Smithsonian Institution Press. Washington D.C.
Robinson, D. (1973): Giants in the Sky. University of Washington Press, Seattle.
Robinson, D. (1971): The Zeppelin in Combat. G. T. Foulis & Co. Ltd. Oxfordshire.
Schiller, H. v. (1966): Zeppelin, Wegbereiter des Weltluftverkehrs. Kirschbaum Verlag. Bad Godesberg.
Speirs, D. (2008): The Unofficial 1861 Airmail of Professor Lowe. Airport Journal, January: 18–20.
Steinhauser, N. (1994): Friedrichshafen in Diktatur, Krieg und Besatzungszeit, 1933–50.
Supf, P. (1935): Das Buch der deutschen Fluggeschichte. Verlagsanstalt Hermann Klemm AG.
Titel, L. (1986): Graf Zeppelin – Leben und Werk. Friedrichshafen.
United States Strategic Bombing Survey. January 1947.
Vogel, H. (1997): Suche ein nettes Zimmer im Zeppelindorf. Friedrichshafen.
White, C. M. (1986): The Gotha Summer – the German Daytime Air Raids on England, May–August 1917. Robert Hale. London.
Young, P. I. (ohne Datum): Count Zeppelin's Trip to the U. S. in 1863. University of Akron.
Zeppelin, F. Graf v. (1908): Erfahrungen beim Bau von Luftschiffen. Verlag Julius Springer, Berlin.
Zeppelin Caterpillar. Zwei bedeutende Kapitel aus dem Geschichtsbuch der Technik (1964): Zeppelin Metallwerke.
Zeppelin Study Group Newsletter. Vol. 2 No. 6, May 1988.

Danksagung

Seit über 35 Jahren beschäftige ich mich mit dem Thema »Zeppelin«. Durch meine Recherche und die vielen Zeitgenossen der Zeppelin-Geschichte, die mich am Anfang noch begleiteten, ist es mir hoffentlich gelungen, dem Leser Ferdinand Graf von Zeppelin mit seinen ursprünglichen Ideen, die er während des Amerikanischen Bürgerkriegs entwickelt hat, seiner religiösen Überzeugung, seiner militärischen Laufbahn, seinem Patriotismus und seinem technologischen Verständnis nahezubringen. All diese Eigenschaften ließen ihn zu einer herausragenden Persönlichkeit der Luftfahrtgeschichte werden.

Es ist fast nicht möglich, allen Personen zu danken, die mich inspirierten und mir geholfen haben, dieses Buch zu schreiben. Kurt Puzicka, ehemaliger Leiter der Marine-Luftschiffer-Kameradschaft in Hamburg, und sein Freund Otto Henningson haben mein Interesse für die militärischen Einsätze und die Nutzung der Zeppeline schon vor über 30 Jahren geweckt. Dieter Weih, ein langjähriger Freund und großer Sammler, bot seine Hilfe immer wieder großzügig an. Hank Applegate, Pennsauken, Feuerwehrmann in Lakehurst, war immer ein Freund und Helfer. Die Freundschaft mit Siegfried Borzutzki, einem Fachmann des Flugzeugbaus Friedrichshafen, wurde durch seinen plötzlichen Tod viel zu früh beendet. Er war mir eine große Stütze. Dr. Douglas Robinson, mit dem ich viele Jahre lang in Kontakt stand, hatte ein unglaubliches Wissen, das er gern mit mir teilte. Die Freundschaft mit Prof. Henry Cord Meyer von der University of California, Irvine, und Prof. Ron E. G. Davies vom National Air and Space Museum, Washington D.C., hat mir den großzügigen Zugang zu ihren Archiven ermöglicht. Durch zahlreiche Besuche der Archive in Akron, Dallas, Freiberg, London, Washington D.C. und Zeppelinheim habe ich viele neue Informationen bekommen. Eine enge, langjährige Freundschaft verbindet mich mit Dr. Cheryl Ganz, die im National Philatelic Museum, Washington D.C., arbeitet und nicht nur eine außergewöhnliche Privatsammlung zum Thema »Zeppelin« besitzt, sondern auch ein außergewöhnlich großes Fachwissen. Bei ihr möchte ich mich an dieser Stelle ganz besonders herzlich bedanken.

Im Lauf der Jahre haben viele ehemalige Zeppelin-Mitarbeiter, die leider nicht mehr unter uns sind, mein Interesse an der Luftschifffahrt wachgehalten: Richard Kollmer, Kapitän Albert Sammt, Admiral Charles Rosendahl und Norbert Heiss.

Selbstverständlich haben mir Albrecht Graf von Brandenstein-Zeppelin mit seinem Familienarchiv im Schloss von Mittelbiberach und sein Bruder Constantin von Brandenstein-Zeppelin auf Burg Brandenstein in Schlüchtern-Elm in diesen Jahren mit Rat und Unterlagen zur Seite gestanden. Hierfür bedanke ich mich herzlich.

Mein besonderer Dank gilt meiner Frau Helga.

Der Autor

Dr. John Provan III wurde 1956 in Steubenville, Ohio, geboren. Sein Vater war als Hauptfeldwebel (Chief Master Sergeant) fast 30 Jahre lang bei der U.S. Air Force in den U.S.-Basen Kaiserslautern, Sembach, Langley AFB und Rhein-Main Air Base stationiert.
Als ambitionierter Sammler beschäftigt sich Dr. Provan seit mehr als 35 Jahren mit der Leichter-als-Luft-Fliegerei. Nach dem Abschluss an der University of Maryland schrieb er seine Magisterarbeit an der Technischen Universität Darmstadt über deutsche Luftschiffe im Ersten Weltkrieg. Ebenfalls in Darmstadt promovierte er mit einem Thema zu den deutschen Luftschiffhallen. Seitdem hat er mehrere Publikationen zu Themen der Luftfahrt vorgelegt, zum Beispiel über die Berliner Luftbrücke und über LZ 127.
John Provan ist seit über 30 Jahren mit Helga Küppers verheiratet und wohnt in Kelkheim im Taunus.

Pioniere der Luftfahrt

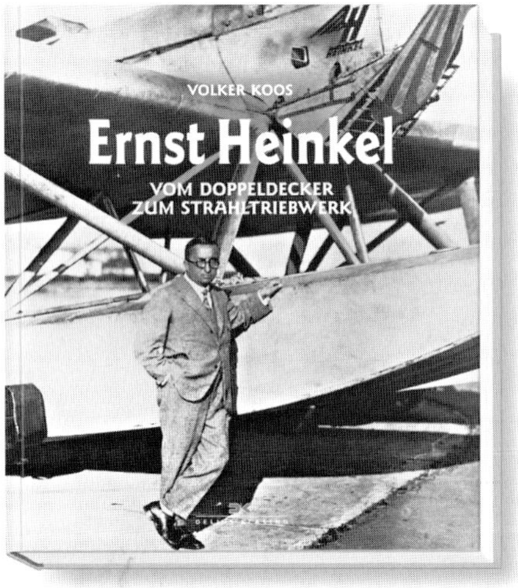

Volker Koos
Ernst Heinkel
Vom Doppeldecker zum Strahltriebwerk
ISBN 978-3-7688-1906-0

Jörg-M. Hormann/Evelyn Zegenhagen
Deutsche Luftfahrtpioniere
1900 – 1950
ISBN 978-3-7688-2484-2

Jörg-M. Hormann
Flugschiff DO-X
Die Chronik
ISBN 978-3-7688-1841-4

Brigitte Kazenwadel-Drews
Claude Dornier
Pionier der Luftfahrt
ISBN 978-3-7688-1970-1

Erhältlich im Buch- und Fachhandel
oder unter www.delius-klasing.de

DELIUS KLASING